大辛口ジャーナリストの自動車業界**救済**処方箋

三本和彦、ニッポンの自動車を叱る

二玄社

目次

第1章

日本の自動車メーカーに物申す
～世の自動車メーカーは愛のムチを受けよ～

第2章

クルマに巣くう困った輩ども
～クルマ社会をダメにした原因はコイツらにもある～

第3章

クルマ文化とクルマ文明
～原点に立ち返ってこそ解決の糸口が見いだせる～

第4章

これからのクルマ業界はこうあれ
～クルマの未来を広げる劇薬処方箋～

イラストレーション＝いぢちひろゆき

まえがき

私の自動車に関する知識は、新聞記者時代に担当したもので昭和32年から6年間、取材上で身に付けた旧式なものと、基礎的な機械に関するものは、当時モーターファン誌の編集部に在籍していた星島 浩氏によるものと、平尾 収教授（故人）などの学者に学んだところが多く、蘊蓄については、小林彰太郎氏、五十嵐平達氏（故人）によるところが強く多いものと自覚している。

モーターサイクルには17才から乗っており、ホンダ・ドリームEで悪夢を見た覚えで始まり、自分の稼ぎ（アルバイトなど）で手に入れた四輪車は中古のシトロエン2CVで始まった。

それからというものは、自身の仕事の都合で一時は軽自動車を含め、4台のクルマを持っていた。中でも、メルセデスは私の経験からして、乗用車のお手本というべき資質を持っていると信じている。

ディーゼル仕様は、メルセデス以前に、フローリアン、ジェミニの他に、クラウン、セドリックなども短期間所有したが、どちらも不出来で、箱根峠を他車に互して登ることが〝無理〟なのには呆れた。

自動車競技はラリー、ラリーレイドに何回も参加した。結果は残念ながら、いずれも完走出来ず、70才迠にチャンスがあれば、親の残してくれたモノ全部を費やしても……とも思ったが、その夢は枯葉マークを行政から強要される頃に消えた。

自動車とは、実に幅広い消費者層をもった民生用具であり、趣味の対象であり、スポーツ用具であり、愛玩物でもあると考えている。

'08年から、'09年にかけて、〝100年に一度〟といわれる世界的経済不況に襲われ、多様な消費者層の構造にも変化をもたらすかに思われる。

もっと変化しなければならないのは、自動車を生産する側にある。不都合が生ずれば〝固定費〟と称される〝人件費〟を削るために契約期間を無視して労働者を馘首・解雇するが如きことを平然とやってのける。情はおろか血も涙もない企業防衛に胸が痛むのは私だけではないと思う。

近頃売り出される自動車には、作る側の顔も心も窺い知ることが出来ないのは、こうした企業に染み込んだ、企業体質が産んだ製品だからかも知れないと想わせられる。

新車の試乗会で顔を合わせるエンジニアやデザイナー達に、私は「こんなクルマを発想し、創ったヒトに会ってみたい、そう思わせるクルマを作ってくれ」と頼んでいたが、少なくとも国産車に「会ってみたい」と思わせられるものがないのは残念だ。

ドイツ車では、VWのエンジン、トランスミッションの着想、フランス車では、プジョーの乗り心地、運動性。同じ資本系列にあるシトロエンのサスペンション、内外のデザインの特徴、いずれもマニア好みに特化したものでなく、日常使用して愛着のもてるものであろう。国産車はまだまだ先達に学ばなければならないことが山ほどあると思う。

'09年初頭のいま、世の中は景気の底にある。なかでも自動車業界が受けた打撃は目を覆わんばかりだ。そんなときこそ足下を見つめ直すいい機会ではないか。クルマづくりの姿勢にしてもクルマ社会全般にしてもである。

日頃さまざまなことに怒っている私だが、それをまとめたのがこの本ということになる。語り口調になっているのは、私の口述を二玄社編集部が活字にしてくれたからである。

相変わらず言いたいことを言っていると受け取られるかもしれないが、これもひとえに日本のクルマを愛するがゆえ。これからの日本のクルマ社会が少しでもよくなってほしい、その一念が久々に本を出そうという気持ちにさせた。

2009年1月
三本和彦

第1章

日本の自動車メーカーに物申す

~世の自動車メーカーは愛のムチを受けよ~

三本流クルマ診断法

世の自動車誌のクルマ評価を見て私はいつも疑問に思っています。シャープなコーナリングをするものをよしとし、ステアリングの操作がいかに忠実であるかということを、ベストなクルマの基準にしているようにしか思えないからです。

評価の基準を何に置いているのかはすごく大事なことで、新型が先代に比べてこう変わったというのなら基準はしっかりしているかもしれませんが、読むほうはすべての人が以前のモデルに乗った経験があるわけじゃないから、比較されてもよくわからない。だから、私は常に客観的に見ることを心がけているんです。そのひとつが数値化ですね。

まず思い立ったのが、ハンドルの重さを数値で表わしてみようということ。転舵の重さをクルマの速度ごとに測りたいと思って、わざわざ専用の秤を作ったりしたんだけど、ガッと回したときと、少しずつ回していったときでは結果が違うんです。

もうひとつ、道路のデコボコをサスペンションは効果的に吸収できるかというのを測定しようと思って、当時の建設省に道路の平均的なデコボコはどれくらいかと尋ねたら16㎜はあるというので、その振幅をもった台と、アスファルト舗装の壊れた部分の平均的な深さ、こちらは16㎝でしたけど、これもまた特注で作って時速60㎞でそこを踏み越えたとき何回揺れるかというのを計測したんです。やり方はホイールに1カ所しるしを付けてその動きを見るんです。こちらは結構うまく行きました。速く走るのがエライという人にはどうでもいい試験なんでしょうが。

なかなか数値で快適さを表わすのはむずかしいものでしたが、試乗では飛ばしてどうのということは一切せず、ごく日常で誰もが体験する感覚を大事にしています。それでも不満や疑問は次々出てきますよ。エンジニアは果たしてどれだけ情熱を込めてこのクルマを作ったのだろうかと。

私は自動車メーカーのエンジニアに会うと、クルマを作るうえでもうすべてやり尽くしましたか？　まだ何かやり残していることはないですか？　と聞くんですよ。というのは、どうしたらこんなアイデアを思いつくのだろう、このクルマを作った人はどんな発想の持ち主でどういう人柄なんだろうとか、ぜひ作った人に会ってみたいと思わせるクルマを作ってほしいからなんですね。メーカーにはそう思わせるクルマを作ってくれと、ずいぶん長いこと言い続けてきましたけど、なかなかそういうクルマには出会わなかったですねえ。

どんな小さなことでもいいんですよ。たとえばハッチゲートを開けるとたいてい右側だけに指をかけるところが付いているでしょう。閉めやすいようにね。あれは右利きの人だけを想定しているからなんですね。世の中には右利きも左利きもいるんだから、どっちの人にも使いやすいようにするべきでしょう。ドイツのクルマなんか、フォルクスワーゲンのルポでもちゃんと左右両方に付いてますよ。そういうの見て感心しない？　と聞くと、気づきもしなかったと言うんだよ。あるホンダのエンジニアはオデッセイ（08年モデル）が最終まで仕上がってから私の言葉を思い出してやりなおした、と言ってました。

オデッセイにはタバコの灰皿が付いていないんだけれど、ないならないでそのスペース、ほかの小物が入れられるようにしてほしいですよ。プリウスもそう。あれはシガー電源がセンターコンソールの中にあるのね。タバコを吸わない人でもシガー電源は便利に使うじゃないですか。だからシガーから電源取るときは、蓋を開けっ放しにしないと使えないんですよ。走行中は怖くてしょうがない。携帯電話の接続端子も同じところにあるからクルマを降りると必ずといっていいほど忘れます。

こういうのは、どうしたら使う人が便利に感じてくれるかということを考えてない証拠でしょうね。作る側の論理で作っちゃう。どこかにやさしい気持ちの表現というのがあって、私の作ったクルマに乗っていただいてありがとうございます、みたいなメッセージが伝わってこなければ長く乗ろうと思いませんやね。

ぶしつけ棒の使い方
①荷室などの広さを測る
フムフム
②不心得者に喝を入れる
喝!!
ピシッ
③退屈なドライブの話し相手に――
前からそんなにやせてたっけ？

なぜ乗り心地の悪いクルマが続出する？

軽自動車なんか、あの制約された寸法の中でいろいろなことやってるじゃないですか。私が驚いたのは、ダイハツ・タントの試作車を北海道の広いところで試乗したとき、周回円を徐々にスピードを上げて回っていると、いつかはアクセル閉じてブレーキ踏みたくなるんですよね。背が高いからよけい不安で。そこで、この重心でブレーキかけたらひっくり返りませんかといっしょに乗った技術者に聞いたら、無理をすればひっくり返るでしょうねときたもんだ。それはまずいでしょうと言っておきました。後日、発表会かなにかで同じ技術者に、あの件はどうしました？と聞くと、生産車ではなんとか転ばないようにしたというんです。対策の方法はホイールストロークを短くしたそうです。

ストロークを長く使えば外側は縮むので転がりやすくなるわけ。それを避けるにはバネを堅くしてダンパーの減衰力を上げてしまう。ダンパーやバネというのは乗り心地を保証するために付けているものなのに、それが逆になってちっとも乗り心地がよくならないという図式です。背の高いクルマは乗り心地が悪い、ということになるのでしょうか。

いま私が乗っているプリウスも乗り心地が悪くてしょうがないんだけれど、主査にそのあたりを聞くと、いまのプリウスはそうっと乗るクルマではなくて、激しくキリッキリッと曲がれるようなクルマにしたかったんですと言うから、私は同じスポーティーにするにも足を固めて乗り心地を犠牲にする方法じゃなくて、ドライバーにはロールを感じさせて〝もうちょっと踏むと危ないかもしれませんよ〟とインフォメーションを与えるようにできないのかと言ったら、日本じゃそういうのはダメでしょうねえと答える。

どの部分がダメなんだと聞いてもハッキリしないんで突っ込んだら、トヨタの調査で若い方たちの嗜好を分析したら、いい乗り心地は要らないという結果になったらしいんです。日本のユーザーにはこの程度でいいなんていう、こんな考え方で世界一の自動車会社といえますかねえ。

プリウスは本当にいいクルマか？

プリウスには私は最初のモデルで1台、いまのモデル（2代目モデル）で2台と、都合3台を全部買って乗りました。

私はそのクルマがいいか悪いかは、値段に見合っているかどうかで判断することにしています。プリウスは基本的には200万円クラスのクルマです。その価格はあくまで素の状態のものであって、文化的に乗ろうとするといろいろオプションを付けなきゃならないですよね。たとえばナビとか。そうすると300万円を超えてしまう。プリウスがそれだけの価格に見合うクルマかというと甚だ疑問です。その理由はあとで言いますが、とにかく1台のクルマとして見た場合、不満に思うところはたっくさんあります。もっと実用に寄与できるようなハイブリッドだったらよかったんじゃないかと思います。そろそろ3代目が噂されていますが、もっと安く庶民でも買える価格帯で出してほしいですね。

でもプリウスを出した意義は大きいですよ。私が3台も買ったのはそんなトヨタの意気込みに共感したからです。とくにちゃんとしたハイブリッドにして市販したのは、以前社長をやっていらした奥田碩さんの偉業と言ってもいいんじゃないでしょうか。とにかく世に出しなさい。あと2年もかかってからではよそも出してくるからと大演説を打って市販化したんですね。そして初代は1ディーラーに1台ずつ試乗車を用意して多くの人にハイブリッドの世界を体験してもらった。初代はちょっと踏んでもカックーンと効くブレーキが最大の欠点だったけど、後期型は改良されたはず。サイズ的にも使いやすい大きさで、クルマとしても合格といえるものでした。

2代目は、なんでそんなふうにしたのかわからないけど、スポーティー路線に振っちゃいましたね。セダンの形状でいいのにあえてファストバックにしたものだから、後席のヘッドルームは狭くなっちゃいました。Aピラーも後方に寝過ぎていてね、私みたいに歳をとって体の自由がきかなくなると、頭をぶつけるのを覚悟で乗り降りしなければならないほどですよ。シートの出来も悪い。何よりもよくないのが乗り心地。あんな重いバッテリーを積んでいるんだから、もうすこしリアサスペンションのストロークを使えるようにしなければいけないですねえ。ひとりで150kmくらい走っていると、つくづくイヤになる。正直、まだそんなクルマです。

ハイブリッドだから燃費は驚くほどいいかっていうと、そうともいえないですね。メーカーはリッター30kmくらい走ると言ってはいますが、私の実用燃費では17・5km／ℓ

がいいところですよ。高速道路1／3、残りは町中というパターンで。燃費でいえば、1・4ℓのガソリンエンジンに過給機を付けたフォルクスワーゲンのポロのほうが実用燃費は優れていると思いますね。18㎞／ℓなんていうのは当たり前で、うまく走れば20㎞／ℓも可能でしょう。乗ってても自動車らしくて不安感はないしね。

プリウスは、いま電気で走っているんだか、わからないところがあって、不安を覚えることもありますよ。エンジンで走っているんだか、エンジンの冷却水温度が70℃以上になっていれば、信号待ちなどで5秒以上静止しているとエンジンが止まるしね。また60㎞／hまでならエンジンの助けなしに電気だけで引っ張ったり、そんなこんなで燃費を稼ぐのだけれども、それでも17〜8㎞／ℓ止まり。

プリウスには真ん中のモニターに、いま何で動いているかを示す作動図が出ますよね。トヨタはあれを取りたがっていてね。2000円もコストがかかるっていうんで。でも私は反対したよ。あれを取ったらユーザーはどこにありがたみを感じるんだって。いっしょに乗った人に、いまどっちで動いているのと聞かれても、あれ見なきゃわからないし、あのモニターはこのクルマのPR活動にも役だっている、それにユーザーの誇りにもなっているんだからって。そう頼んで残してもらったんだけど、次のモデルでは取るらしい。どうしてもって言う人にはオプションで残すかもしれないけど。

２００９年に出る新型はカローラの最も進んだエコエンジンを載せるらしいから、もっと燃費もよくなり、排気量も１・８ℓになるから走りもよくなるでしょう。乗り心地もよくしてもらいたいなぁ。せめてカローラの乗り心地くらいはほしい。ホンダのハイブリッドはエンジンはいつも回っていて、走行用に働いていないときには発電機として機能するらしいですよね。こちらも新しいシステムになったものが出るそうだけど、次はこっちに乗ってみようかなあ。

　これから電気自動車がいろいろ出てくるだろうけど、充電インフラのことを考えると、しばらくはハイブリッドが主流となっていくでしょうね。

なぜかスポーティーな格好になった２代目プリウス。ならば３代目にと期待したが、どうやら路線は踏襲されるようでガッカリ。

もっともプリウスらしい部分なのに、これも３代目では外されるなんて……。

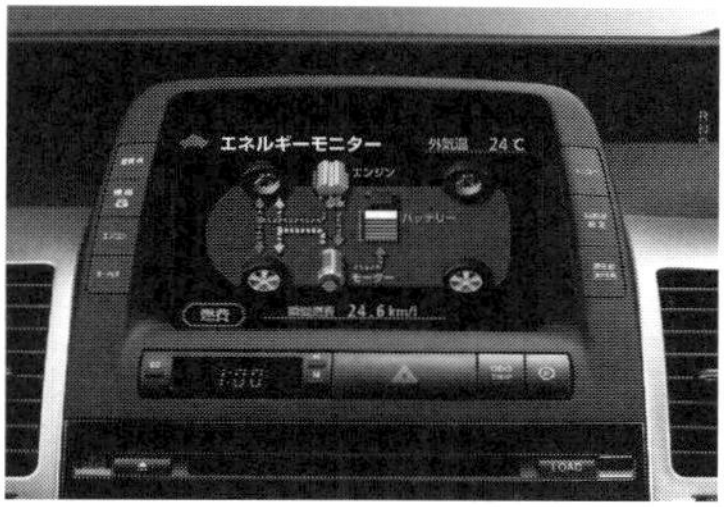

トヨタiQはカー・オブ・ザ・イヤーに値するか？

２００8年の日本カー・オブ・ザ・イヤーはトヨタiQが獲ったんだってねえ。悪いクルマじゃないですけど、日本でこの1年間に作られたクルマの中で、iQが本当に一番いいものかどうかは怪しいものですよ。私もちょいと乗りましたけど、乗り味の悪いクルマではないですね。よくぞあんなホイールベースの短いクルマで真っ直ぐ走るように作ったと感心します。小さいからといって、貧乏臭くもないですね。それもそのはず、値段は１４０万、高い仕様だと１６０万円もするんですから。

少なくともベースモデルで比較すれば、カローラ（アクシオ）より高い。あれだけお金をかければソコソコのものはできて当然でしょう。ましてや生産台数世界一のメーカーが作ったクルマなんだから。月間２０００~２５００台を売りたいということだけれど、一般の方々があのサイズのクルマを欲しがりますかねえ。欲しいんだったら、普通なら軽自動車を買うでしょう。軽なら税金も安いし、30~40万円少ない予算で買えるんだから。それが証拠に、地方に行けば公共交通機関が発達していないから、みんな軽自動車に乗っている。家族人数分のクルマを持っている例も珍しくありません。となると、安く買えることが条件になりますよね。こういう地域ではｉＱがベストな選択肢になるかどうかは甚だ疑問です。

これは私の勝手な推測ですが、あれだけのお金を出すんだったら、よっぽど使い勝手のいいカローラ・フィールダーを選ぶのが真っ当でしょうね。でも実際はどういう観点で選ばれているのか、予測のつかない部分もある。ボディの形で選んでいるのか、機能で選んでいるのか、あんまり考えずに選んでいるのか。意外に３番目かもしれませんよ。

そう考えるとｉＱはもっとむずかしくなる。全長は短く、幅は小型車並み、そういうクルマにどういう便益性があるかというと、なかなかない。現実のところ４人乗りといっても大人は３人が限度、せいぜい大人２人と子供２〜３人だったらなんとか押し込める。そういうクルマをどういうふうに使うかですね。想定されるのはレクサスを持っている人が奥さんの買い物用セカンドカーとして何か買ってあげようとしたとき、軽じゃあ衝突したとき怖いから、コレっていうくらいかね。別にｉＱだからといって衝突時に安全と保証できるわけでもないのにね。それくらいのニーズしか思いつかないのに、月２５００台売ろうというのはどういう客に売ろうとしたのか、私にはわからないですね。

軽に対して税金は一気に上がるし、だったらどれだけのものが提供できるか、耐衝突安全性はこれだけいいですよとかアピールしないとね。ではいったいどういう方々にこういうクルマに乗っていただきたい、という定見みたいなものが作る側にありますかと聞くと、ない。買う方にはっきりした理由がありますかというと、皆目わからない、となる。

こんな不思議な国でカー・オブ・ザ・イヤーなんてやるもんだから、どういう実態でやっているのかわからないのに毎日のように広告される。賞を獲ったと広告されると心動かされて購買意欲が起こる。こういうのは自動車先進国では珍しい現象ですね。日本くらいじゃないですか、まだカー・オブ・ザ・イヤーだなんだと騒いでいるのは。

カー・オブ・ザ・イヤー受賞の効果か、発売後最初の1カ月間の受注は予定の3倍以上の約8000台に達したという。

アンタがトヨタの「iQ」かい?
ハイ そうです
iQ
「i」はインテリジェンス(知性)イノベーション(革新)インディヴィデュアリティ(個性)
「Q」はクオリティ(品質)キュービック(立方体)キュー(きっかけ)
iQ
大人が四人乗ると「あいにく窮屈」の略かと思ったよ
ギュ〜
ギュ〜
iQ

ＧＴ‐Ｒに文化はあるのか？

最近のモータースポーツは、なんだか以前とは違う方向に行ってしまったように思うんですすが、そういうことに刺激された量産スポーティーカーの文明はどういうことになっているかというと、今日のＧＴ‐Ｒにその影響を垣間見ることができますね。ただのクーペボディにもかかわらず、価格は７７７万円（※１）、税金だなんだかんだ足していけば１０００万を超えますよね。そしてありあまる４８０ＰＳ（※２）という暴力的とも受け取れる出力を持っていて、そんな大パワーをどのように使えというのでしょう。私も乗ってみたけど、こんな猛々しく野蛮なものはないと思いましたよ。でもどの雑誌見てもとてもいいと褒めている。どこそこのコーナーを１４０㎞／ｈオーバーのスピードで回ることができたという。それが何の意味をもつのか、私にはわからない。

こういうクルマが良風美俗を壊さずに文化になりうるかというと、文化には最初からなりえないと思いますよ。法律ではやってはいけないことをやらないと、あの車の実力を発揮できないわけだから。そのあたりのチグハグさは、言うなれば右足に雪駄を履いて左足に高下駄を履くような感じですねえ。自動車という生活便益用具が違う方向に行っているのを、みんなでアレヨアレヨと言いながらウンチクを作ってそれをまぶしているような感じですねえ。

私は、なんとか文化の中に自動車という生活便益用具を引きずり込みたいと思うんだけれども、それができないのはなぜなんだろうね。どうすれば自動車が文化になるのかということをみんなでまじめに考えるべきじゃないかな。法的なことも含めて自動車は完全に近く安全なものになってほしいし、人間の知恵の至らないところを補ってくれる機械になったらどんなにいいだろうと。それを実現してくれるのが技術であり、作る側の文化だと思うんですけどねえ。

※1　777万円は発表時の価格。2008年12月にダンパーの改良、エンジン制御の見直しなどマイナーチェンジが施された結果、車両本体価格のみで861万円（消費税込み）に上がっている。

※2　新しいエンジン制御を採用した結果、燃費性能の向上とともに出力も5PS上がって現在は485PSとなっている。

GT-Rの猛々しさが一番感じられるのはこの角度だろう。

最近のホンダはモノづくりの心を忘れている

クルマなんてさんざん税金やら車検やらでお金かかるのに、6年もすればもう値打ちなしなんて言われるんだよね。

それにくらべりゃあ、ちゃんと作られた時計はまったく正反対ですね。私はカーグラフィックでFROM OUTSIDEを書いていたときにそのことを書いたんだけど、ちょうど70年代の初めだったか、スイスに取材に行ったとき、持っていたロレックスのレンズが古くなっちゃったので、そこだけ交換してもらおうと思って本社に行ったのね。そしたら出てきたおじさんが、時間はあるか、あるならしばらく待てるかというからYesと言ったんだよね。そしたら内部まで徹底的に診てくれたんですよ。そしてせっかく我が社まで来てくれたのだからちゃんと整備しました。この整備で、あなたの子供の代までもつでしょうと言ってくれた。感激しましたね。

ライカというカメラもそうだね。昔のモデルだけど製品のランクによって距離計ファインダーとスローシャッターがあったりなかったりしたんだけど、もちろん値段にも差があるわけ。そこでお金に余裕のない人は何にもないI型を買うんだけど、そのうち距離計ファインダーなんかも欲しくなって、追加で装着を依頼するとちゃんと対応してくれるんですよ。

どちらも精密機械でありながら、きちんとあとあとまで使えるように整備してくれて、安心して長く使えるようにしてくれる。いま同じようなこと、やってくれるかわからないけど、こういう姿勢は手仕事をしている人にとっては手本にすべきだと思いますよ。

自動車もそうで、昔は自動車の柱となる主要部品はみな自動車メーカーで作っていたから、最後まで責任あるクルマづくりができていたんだけど、最近は分業化が進んだというのか、部品サプライヤーから買ってきたものをアッセンブルするだけでしょう。だからどのクルマを見ても、これはいいアイデアだと思うものがないんですよ。サプライヤーから買う部品も、高くてもいいものは買わないで、安いものを値切って買ってくるから、設計者が意図した性能が出ないことが多いんだと思います。

たとえばダンパー。発売前の事前試乗会で乗ったホンダのアコードも乗り味が悪かったんだ。高速道路の継ぎ目を前輪はうまく越えるんだけれど、後輪はトンッと跳ねるのよ。どうしてそうなるのよとあとで聞いたら、開発者が頭を抱え込んじゃった。「この日乗せたジャーナリストは誰もそのことを指摘しなかったから、まあいいかと思ってたんだけど、三本さんは気がついた？　自分も作った側として気にはしていたんだけど、やはりそうかあ、考え直さなきゃ」って言ってた。その後直したかどうかわからないけど、このクルマもストロークはあるんだけれどちゃんと減衰できていない感じだったね。

そうしたらもうひとり、ヨーロッパ仕様の足回りを担当している技術者が来て、「よくぞ言ってくれました、私が言っても誰も受け入れてくれないんだけど、ヨーロッパからは文句が山ほど来ているんです」と言うんだよね。原因はダンパーでしょ？と聞くとそうだという。性能を見ないで、ただ安いから買っちゃうんだそうですよ。だから私は、そんなの、あっちゃいけないことでしょう、プジョーなんかはダンパーを内製しているんだと言ったら、国内仕様の担当が「まさかぁ」と言うんだ。プジョーはトランスミッションとダンパーはクルマの急所だからサプライヤーに任せられない、納得できるものは自分たちで作るという方針なんだよね。そのとおりだと思う。ダンパーも作れない自動車メーカーなんて自動車メーカーじゃない、アッセンブラーですよ。ことに前輪駆動のクルマの後輪っていうのは、日本では甘く見ていますよね。これはなにもホンダに限ったことではないのですが……。

「じゃあ日本車でどのクルマが一番乗り味がいいですか」と逆に聞かれたので、日本の道路事情に合っているという点でクラウンだと答えたら、ハナから相手にしていないという受け取り方でしたね。以前はホンダも若い会社で開発陣の平均年齢は27～8歳と、チャレンジ精神旺盛な会社だったけど、いまの開発陣は44～5歳だそうですよ。大人になったのなら大人らしいクルマを作れよと言ったんだ。熟成という意味でね。このクルマはステアリングは正確だしエンジンもよく回って文句はないけれど、回ればいいってもんじゃなくて、高速走行でもっと回転を抑えて走れるようなトルク性能を持たなければ現代のエンジンとして失格なんじゃないのと苦言を呈しておきましたよ。運動量が少なければトランスミッションなども、その分負担は少なくて済むからね。

ホンダのクルマはみんなデカくなったねえ。このアコードも、シビックなど下のクルマが大きくなってしまった関係で、大きくせざるを得なかったというんですね。幅なんか1840㎜ある。ドアミラーの端まで入れたら2mを優に超えますよ。これだけ大きくなると昔ながらの市街地なんかでは絶対すれちがいなどできない。なんでどんどん大きくしてしまうんだか。

それに当たり前のクルマばかり作るようになっちゃいましたね。昔のホンダはとにかく魅力的でしたよ。何か新型車が出るとこの次はどうなるんだろうと夢が描けたものですよ。いまはオデッセイが50㎜低くなりましたとかその程度。低くして何かメリットはあるの？　と聞くと、コーナリングスピードが上がりましたと言う。

でも速いコーナリングができたからって、実際はそんなにいいことはないですよ。法を犯した走り方をしろというんですかねえ。時代をちゃんと見据えたモノづくりをしないと、ユーザーに見放されてしまいますよ。

宗一郎さんの頃のホンダは良かったけど――
HONDA
18

最近のホンダ車は個性がないねえ
いまひとつホンダのDNAが感じられないんだよね〜
ここだけの話ですが実は遺伝子組み換え自動車です……

マツダはユーザー目線でクルマを作れ

かつてのマツダはつつましやかで二級品の上等というのが特徴だったと思うのですが、そのイメージがなくなってきましたね。フォード陣営の中で最も調子がいいから、フォードから怒られそうもないようなものを作っていればいいという感じがありますよね。最近ではフォードが持っているマツダ株の多くを売るという話になりましたが、みんなビビッてますよね。それだけフォードを意識してクルマを作っていたんだということです。そういうのは本末転倒で、ホームマーケットを大事にしなけりゃいけませんよ。作っている国の人たちの心情を理解して、その人たちに乗ってもらいたいという願いを込めてクルマを作らなければいけません。

そのほかにアメリカだのユーロ圏でも売ろうとするのなら、その地方ではどんなクルマが求められているのかをちゃんと調べて、それはそれで作ると。工場はあちこちにあるんですからできないはずはありません。でも現実はそうならないというのは、どこかに欠落があるとしか言いようがありませんね。

こういうこともありました。マツダの工場でぜひ乗ってほしいというクルマがあるっていうんですよ。何かと思ったらアクセラだった。

「日本では評判がいいけどヨーロッパでは不評なんですよ。何が原因でしょうか」と担当責任者が言うから、さっそく乗ってみました。すぐにわかりましたよ。

後ろが跳ねて乗り心地が悪いというんだろ？　と言ったら、やはりそう思いますか、と言うの。原因がわかっているならすぐに直せばいいのに、ラインが流れているからそれを止めてまでやり直しを図るというのが難しいって言うんだよ。それもヘンな話だよね。

こんな誰でもわかるようなこと発売前に気づくはずなのに、実験部の人は自分たちのスピードで悪路などのあるテストコースを走るから、一般の人が走る速度ではわからないらしいんだ。もっとも、この日来ていた自動車ジャーナリストや評論家は誰も指摘しなかったというんだから、そちらも情けないね。

原因はリアサスペンションのホイールストロークは決して少なくなかったのに、ストロークをフルに使い切った設計をしていなかったんです。ためしに4人乗車で走ったらリアに落ち着きが出てきた。フル荷重のときに所期の性能が出るんだったら可変ダンパーにすれば解決できる可能性はある。それはできないの？　と聞くと、いやぁ高くなってしまいますからという回答。高いといっても1台につき1000円程度でしょう。それで解決できれば安いものじゃないですか。

いいものを持っているだけに惜しい富士重工

富士重工は、もともと飛行機を作っていた精神がいまだに息づいているいい会社です。

アウディが1980年にクアトロの発表試乗会を開いたとき、日本のメーカーの中でどれが脅威ですかと聞いたら、当時の社長、ピエヒさんは富士重工だと言いましたよ。当時乗用車で本格的に近い形で4WDをやっていたのは富士重工だけで、しかも当時はまだパートタイム4WDだったのに、彼らは敬意を払っていたんだね。その昔もあそこはスバル1000で水平対向エンジンでFWDやってたのを、あのアルファロメオがマネしてアルファスッドを作っちまったんだから、たいした技術だったんだよ。インボードブレーキを採用したのもスバル1000のほうが早くてね、せっかくドライブシャフトがあるんだから重いブレーキディスクをホイールからデフの側にもってきちゃえばバネ下が軽くできるという発想でね。

それはそれで優れた発想だったんだけれど、じつは落とし穴があった。インボードに持ってきたブレーキの位置、ちょうどエンジンオイルを注ぎ足しする給油口の真下になるんだね、右側のが。オイルを入れるといっても、どうしても1滴や2滴はこぼれちゃうじゃない。それがちょうどブレーキディスクにかかっちゃうんだ。だから当時、スバル１０００はエンジンオイルを入れるとなぜかブレーキが片効きすると、まことしやかに言われていたんですよ。しかし、どこもやらないことをやるのが富士重工のいいところ。技術至上主義的なところは今でも生きていますよね。それがスバルの魅力にもなって、根強いファンが多いんだよね。

水平対向エンジンといえば、富士重工と並んでポルシェが有名だけど、あそこもこれからは水平対向の時代じゃないと言いはじめていますね。たしかにスバルの水平対向はまだ燃費が悪いですからね。でもそれさえ目をつぶればスバルのクルマは買ってもいいなと思ってますよ。だってほかのメーカーとはやはりちょっと違うものを作っているという感じがあるじゃないですか。でもせめて13㎞／ℓくらいは走ってくれれば、次のクルマの選択肢に入るかな。

あそこにはギアボックスという問題も抱えています。水平対向エンジンはいわゆる縦置きだから、当然ギアボックスも縦置き用となるわけ。しかしいまはどのメーカーもエンジンは横置きで、縦置きエンジン用ギアボックスなんてあまりないんですよ。ギアボックスはほとんどがサプライヤーから供給されている状態で、あまり数が少ないとギアボックス・メーカーは作ってもくれない。いまどき縦置き用のギアボックスを作ってくれるサプライヤーなんて限られているからね。作ってくれないとなると、富士重工は自前で用意しなければならない。いまの富士重工には自社でギアボックスを作る余裕なんてないですから、どうなるんだろうと心配になっちゃうよ。

昔、スバルはライバルだと言ってくれたアウディは、いまや従業員も富士重工より多いし、クアトロ用のギアボックスも自前で作れる設備も持っている。完全に逆転してしまいましたね。となると、名実ともにトヨタの子分になるしかないのかなぁ。今度出たデックスというクルマはダイハツ・クーのOEMなんだから、これからの姿を暗示しているといっていいのかもしれないねえ。トヨタが富士重工のやりたいようにやらせてあげれば、個性あるクルマが作れるのに、なんとかならないものかねえ。

水平対向エンジンは重心の低さを武器に今後も継続していくとメーカーは言うが。

エンジンが左右対称に近いので、駆動系全体もバランスのとれた美しいシンメトリーを成す。

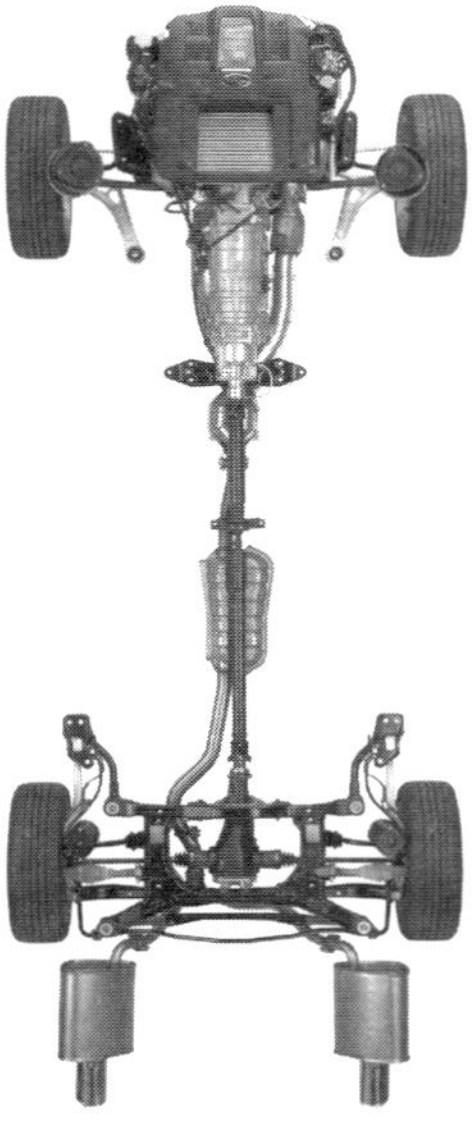

スバルくんは
技術力の点では五ツ星だけど…
燃費がまだまだ一ツ星だねぇ
あわせて六ツ星ということで…
うまいことまとめてんじゃないよ!

驚くべき自動車会社の調査の実態

自動車会社も昔から市場の好みなんかを別会社を使って調査していたんだけども、一番最初のカローラとサニーが発売される前の話でこんなのがある。トランスミッションに関わる調査で面白い結果が出たという話です。

そのころ私は新聞社にいたんで綿密に調査した結果わかったんですが、日産、トヨタともそれぞれの調査会社にこういうテーマで調査を依頼していた。

日産のほうは、〝教習所を調べてみると全部コラムシフト車だったから、サニーがコラムを採用するとユーザーにどう受け取られるかを調べてほしい〟というもの。トヨタのほうは、〝カローラに、ダイレクトにギアチェンジができるもののほうがいいと思うので、フロアシフトを導入したいのだが、いかがなものだろう〟というものだった。

で、結局上がってきた調査結果は、日産には「ユーザーはやはりコラムシフトが受け入れやすいそうです」、トヨタには「ユーザーは大衆車にもスポーティーさを求めているのでフロアシフトがいいそうです」、というものだった。

結局、その調査結果どおりのクルマが発売されたんだけれど、いい加減だなあと思ったのは、実はこの2車に関する調査は事実上、同じ系列の会社がやっていたんです。内部で情報が筒抜けということも考えられるし、自動車会社から与えられた題目があったからそれに逆らわない結果を出したわけなんだけれど、この調査会社は広告代理店ともつながっていたというのだから、こういうのは調査とは言えませんよね。

いまの話はマーケティングする側の人間にイメージを与えすぎると、的確な調査結果が出てこないという好例で、じゃあその後これを教訓にしたかといえば、それどころか悪しき習慣となっていまでも続いているんですよ。

たとえばガラスの色を決めるのに、何色にしたら乗っている女性が美人に見えるかとか、狭い観点でしか物事を見ない。もし「このようにしたらこういう結果が出ると思いますが……」とか余計なことを言おうものなら次回からお呼びがかからないそうですよ。マーケティング会社がよく潰れるのはこういう理由からなんでしょうかね。

完全なライバル関係にありながらギアシフトの型式で大きな違いを見せたサニー1000（右）とカローラ。カローラはカタログで扱いやすさを謳っている。

日本のデザイナーは奮起せよ

最近のクルマはなんでAピラーが寝ているんですかねえ。Aピラーを極端に後ろに寝かせているから、鴨居に頭をぶつけながらじゃないと乗り込めやしない。人間がクルマの形に合わせて姿勢を変えなきゃいけないって、こんな馬鹿らしいことはないですよ。誰か昔ながらの形をしたクルマを作ってくれないかと、頭ぶつけるたびに思っています。ただひとつの例外がトヨタのタクシー専用車。あれは客の乗り降りに不自由あっちゃいけないからドアの切り欠きが大きいでしょ。あれにスライドドアが付いたら文句ないんだけどねえ。

低くてフロントウィンドーの寝たクルマを設計した人に聞くと、空気抵抗を少なくするのはエコにつながりますからと言うんですね。でも、空気抵抗はクルマが速く走ったときに影響が出るもんでしょう。ふつうの人が日常的にクルマを使う場合、スピード出して使う比率がどれだけ多いかといったら、きわめて少ないはずですよ。だけど乗り降りは毎回するからね。どちらを重視しなければならないかは一目瞭然ですよ。

では角張ったクルマが空気抵抗が大きいのかといえば、そうでもないらしいんですねえ。昔、フィアットに124という角張ったクルマがあって、その設計者にこのクルマは空気抵抗が悪いですかと聞いたら、そんなことはないと怒って、124のボディパネルの間にできるチリと呼ばれる隙間をテープで覆ったんです。それを風洞で測ったらあっという間に抵抗が下がって、本来ならこうなるべきなんだが今の工作技術ではこれが限界なんだと言うんです。つまり、空気抵抗はボディが角張っているか丸いかの問題ではなく、いかにスムーズな面を作れるかということ。むしろ角張った形にしたほうが、視界を確保するには有利だと言ってましたね。

この視界については、当時は当たり前のこと言っているじゃないかと思っていたけど、いま思うと重みのある言葉だねえ。いまのデザイナーに聞かせてやりたいですよ。だって寝かせすぎたAピラーって視界悪いでしょ。交差点で曲がるときなんか横断歩道を渡ってくる歩行者や自転車が見えやしないじゃないですか。日本のクルマではAピラーの断面を縦方向に大きくとっているから、なおさら視界が悪い。こまかく調査したら視界の悪さが原因で起こした事故って、きっと多いはずですよ。昔、カーグラフィックでは真っ暗なところで室内から照明あててどれだけピラーが視界の妨げになるかっていうテストやっていたでしょ。あれをいまやったら全車落第ですよ。いまあのテストはやってないの？　ぜひ再開してほしいねえ。

視界でいえばユーザーの要望が強いのがトラック。トラックメーカーはユーザーから、ほかのトラックより2㎝だけでいいからアイポイントを高くしてくれと言われるそうです。彼らにとって視界の確保というのはとても大事なことなんですね。少しでも楽に運転できること、少しでも先が見通せること、安全が第一なんです。彼らに、空気抵抗低減のためにAピラーを寝かせたなんてもの持っていったら相手にもされませんよね。事実、日野といすゞは10㎜のオーダーでアイポイントを高くして視界を改善したそうですよ。乗用車も見習わなければいけないねえ。

いまの乗用車のデザイナーは好き勝手なことばかりやっている。むしろ、かつてのエンジニアのほうが新しいことにチャレンジしていたんじゃないかな。いまは工作機械がよくなったし、日本の場合は部品のサプライヤーの能力が高いから、まわりに助けられている部分が多いですね。自動車メーカー本体がクルマづくりに関わっている割合は全体の3％くらいだそうですよ。ここまでまわりに助けられていると、デザイナーも感性というより文化性というのかな、どういうクルマを作ればお客さんが気持ちよくクルマに接してもらえるかといったことがわかりにくくなっている。こういうことを、もっとマジメに考える必要があると思うね。

エクステリアのデザイナーなんかも、走る彫刻を作っているつもりでいるからね。TVCMなんかで、止まっていても颯爽と走っているように見える形を念頭に置いて粘土削ってますなんて言っているけど、止まっているんなら止まって見えて当たり前じゃないのねぇ？

トヨタ型支配とプジョー型支配

最近乗ったクルマの中でいいなと思ったのはシトロエンC４ですね。プジョーと同じような足回りを使っているけど、乗り心地はプジョーよりさらにいいと思いました。寝かせすぎないAピラーも乗り降りするにはよかったです。プジョーはその点、私にはちょっと使いにくかったですけど、同じ資本グループにいてこうした作り分けができるのはさすがです。

いまシトロエンの技術者はみなプジョーに移ってエンジンもサスペンションも同じところで作っているんですが、それぞれの特色を出した製品づくりができるというのは、うまいこと両立できるようにコントロールしているからなんでしょうね。

基本は同じかもしれないけど、ボディはプジョーとシトロエンでほとんど共通性はないし、シトロエンが何をやろうと自由にまかせ、プジョーは余計な口出しをしないのがいいんでしょうね。エンジンにしてもシトロエンの技術者が出した提案がよいものであればそのまま採り入れる、という具合にお互いを尊重した空気があるからうまくいっているのではないかしら。

それに比べるとトヨタが傘下のメーカーに向ける姿勢はどうでしょう。私は、徳川家康的な支配を感じちゃいますねえ。トヨタはとにかく自分の色を押しつける。一番顕著なのがダイハツで、あそこはいまや役員のほとんどがトヨタ出の人ですからね。ダイハツ生え抜きは3人くらいしかいなくて、トヨタ型支配を嫌ったのは新宮さんくらいです。あの人は気骨があって、こういうクルマを作りたいと下から企画が持ち上がったときに、トヨタにお伺いを立てる必要はないかとオロオロする連中を一喝、その必要はない、いいものならやりなさいと言って出来たのがコペンです。でもその後新しくできたダイハツの工場はほとんどがトヨタ型の工場になってしまって、トヨタの自動工作機をもってくれば、あっという間にトヨタのクルマができるように準備されています。

対照的なトヨタとプジョー。どちらの支配のしかたがいいのか悪いのかは、客の立場から言えば後者のほうがいいに決まっている。これだけたくさんの自動車会社が残ったのは日本だけなんですから、出来上がってくるクルマは個性的であってほしいですよねえ。

サプライヤーにもっと光を

部品サプライヤーの話が出たついでにいうと、もっと彼らの力を評価してあげたいね。たとえばダンパー。輸出用にはとてもいいのがあって、ＢＭＷの部品担当マネージャーに、どうしてお宅はカヤバのダンパーを使っているのかと聞いたら、こんな精密機械はドイツではできないと答えましたよ。精密だけれども壊れない、そこに感心するんだって言ってました。こんないいものがあるのに、なぜ日本の自動車メーカーは使わないのか不思議だと言っていましたよ。

日本のクルマメーカーが採用しないのは、いいものでも値段が高ければ認めないからなんですね。コスト至上主義ですから。プジョーなんかは、ダンパーは自動車メーカーにとって命と言うくらい要の部品ですからね。その認識の違いがクルマという最終製品に現われているように思います。自動車ジャーナリストと称する人たちは、このクルマはどの部品をどんなサプライヤーから供給を受けて作られているのかということまで調べてほしいですね。

サプライヤーもいい技術を得ようと努力をしてますよ。安く作るにはどうしたらいいか、他社と違うものを作るにはどう仕上げたらよいかとか一所懸命なんだけれど、自動車メーカーなんかはそういうサプライヤーに対して悪代官みたいな態度で値切るのはいけないやねえ。

大きな声じゃいえませんが、クルマの重要な部分のデザインをサプライヤーが決めているっていうのも少なからずあるんだそうですよ。自動車メーカーのデザイナーは実体験なくクルマを作っていて、多くが机の上と頭の中で形を決めちゃう。たとえばヘッドライトのデザインなんかもそう。3次元曲面の流れるようなレンズを絵には描くんだけど、非現実的なデザインであることが多いんですって。

試作品の製作を依頼されるヘッドライトレンズのメーカーの人は嘆いていますよ。成り立たないデザインだって。だから、きっとこういう形を目指しているんだろうなぁと推し量りながら作ると、描いたレンダリングとは違うけど喜んでくれる。こっちのほうがカッコイイじゃん、一発採用！ってこともあるって、その部品メーカーの人は言ってましたよ。日本の部品メーカーの技術レベルって、すごいものなんですよ。

丁寧なクルマ作りが需要を喚起する

アウディはついに高級車の仲間入りをしましたよね。２万人以上の従業員を抱えて外注率を抑えてピエヒさんの号令どおりに丁寧にクルマを作ったから、アウディは高級車になれたんですね。生産性も上がって、ついこの間まで65万台から70万台しか作れなかったのに、このごろは年に１００万台くらい作れるようになったんだそうです。メルセデスより丁寧に作ることを目標にしてね。そのメルセデスもつい4年前までは年に85万台だったんで丁寧なつくりができたんですが、いまは１３５万台から１４０万台売るそうです。それでも手作りの部分は残っているそうですよ。

翻って、日本車はどのクルマも量産品で、ちょっと売れればダーッと流す、足回りもこれとあれを組み合わせればＯＫみたいなパズルみたいなやりかたで作りますよね。そんなやりかたじゃあ、いくらたくさんのクルマを用意して違うように宣伝したって、ユーザー、いやジャーナリストや自動車研究者にしたって、同じクルマにしか見えないですよ。

顔だけじゃなくてどこを見てもいまのクルマはほかと区別がつかないでしょう。私だってバッジ見ないと何という名のクルマかわからないことがよくありますよ。クルマメーカーがそんなものしか作らない状況だから若い人が、コレが欲しいとか、絶対あのクルマを手に入れてやる、といった気持ちが起きてこないのはわかるような気がする。とにかく魅力的なクルマを作ること、これが若者のクルマ離れを食い止める最大の手段ですよ。

最近のクルマでよく感じるのは、ごく基本的な人間工学が無視されていることね。たとえばiQのステアリングホイールはすごく握りが太いと思うの。女性にたくさん乗ってもらおうとするならもっと細くするべきですね。握る力というのは、スポークに親指がしっかりかかっていないと力が入らないものです。だからもし電動のパワーアシストが壊れてしまったときなどは、42~3kgの力がないと操作できないそうですよ。いまの形状では手の小さな人だと力が入らないでしょう。

少し前のメルセデスの油圧式パワーアシストの付いたステアリングホイールは、直径410㎜あるんですよ。なぜこんなに大きいのかと本社の役員に聞いてみたことがあるんだけど、もし油圧のベルトが切れた場合に、力の弱いご婦人でも操舵できるようにするにはこれだけの直径が必要なんだというのが答えでした。

あと大事なのがしっかりした血筋を持つということね。ゴルフなどはゴルフの流れっていうのがあって、それぞれのモデルチェンジの期間は長いですけど、エンジンの改良は常にしているし、トランスミッションだってよさそうなものが出るとすぐ載っけてくる。だからいつも新鮮なんですね。新型になるともっと大きく変わることがありますが、ひとつの流れというのはたしかに感じられますよね。

ところが日本の場合は、クルマが新しくなると主査もそれまでと違う人になるわけで、流れなんて作りようがありません。似たようなコンセプトなのにクルマの名前をコロコロ変えるというのが何よりの証拠ですよね。だから前のモデルでどういうオーナーがいて、どういうところに不満を持ったか、逆にどこがよかったのかという、せっかくの経験や蓄積を活かせない。商品の企画を立てるときにはもっと販売店に足を向けて、前のモデルのいいとこ悪いとこなどをきちんと把握すべきでしょう。

第2章

クルマに巣くう困った輩ども

～クルマ社会をダメにした原因はコイツらにもある～

JAFの存在意義を問う

JAFっていう団体ほど、いったい何のためにあるんだか、わかんないものはないねえ。一応、〝ACN＝その国の自動車クラブの代表〟ってことになっているけど、本来のACNとしての役割をちゃんと果たしているかというと、そうとはいえないからねえ。わざと文化にしないようにしているんじゃないかという気さえしますね。

JAFの内部組織なんかを見ていると、いろんなところの天下り先になっているのがよくわかりますよ。元建設省、元運輸省、元自動車メーカー役員みたいなのがズラッと名を連ねていて、オーナードライバーでその文化を継承しよう、もしくは文化をもうすこし広めようと努力するような人はひとりもいません。

そのくせ、中国にF1サーキットが出来ましたからという招待状が来ると喜んで行くね。理事の中に有給と無給がいるというのも変だし、ドライバーの権益をきちんと守ってくれるという態度を見せないというのは実に不思議だね。

JAFは一度解体してね、AA（イギリスのACN）のような立派な団体じゃなくてもいい、せめてドイツのADACのようなしっかりしたものに作り直したほうがいいんじゃないの。あんな、文化にもならなければ文明にもならないようなものに、年間4000円もの会費を払うのはバカバカしいよ。しかもそれでも会員は2000万人を超えたというのだから、それに見合う仕事をしているかと言ったら何もしていないじゃないですか。向こうは地図を出しているとか雑誌を発行しているとか言うんだけれども、なるほどJAF MATEは自動車関連の冊子として世界で最多の発行部数ですよ。会員の数だけ刷っているんだから。

会員がなんでそんなに多いのかというと、新車を買ったりすると自動車販売店が「JAFに入会しておきましたから」と来るんだよ。だって入会金や会費も要るんだろう、勝手なことするなと怒ると「いえ、ウチがサービスでやっておきました」と言うんだけれど、お金がかからないのは1年目だけで、2年目からは請求が来るからねえ。

私なんかJAFが創立のころから入っているのに、一番多いときで4枚の会員証を持っていたことがありますよ。だから一度に4枚分の請求が来たことだってある。そんな会費の二重取りどころか四重取りなんかはコンピューターでわかるだろうと文句を言うと、最初はわからないと言ってきた。そのうちわかると変わった。わかるんだったら最初から1枚分の会費でいいじゃないか、なのにどうして督促までされるんだとずいぶんやりあったことがありましたよ。

会員がたくさんいるから何か発言権でも求めているのかと思うと、文化の向上になるような発言権は絶対行使しない、それどころか、ロードサービスの部隊が大変収入が少なくて困っているんで、駐車違反の車両をウチで引っ張らせてくれないかとバカなことを言っているんだよ。ＪＡＦには警察からも天下っているんだから、その人脈を通じてやらせてくれないかと言うんだよ。腹立たしくなりませんか？

私はドライバーはＪＡＦに対して謀反を起こすべきだと思う。本当にオーナードライバーの権益を主張する団体なのか、ということをよく精査すべきですよ。だって、ドライバーの権益を守るためにＡＣＮというのはあるんでしょ？

こういう昔の話も知っておいてほしいな。１９４９年に国際運転免許に関する道路条約がジュネーヴで締結されたんですが、日本もこれに加盟しようとした。だけどこれを批准するにはオーナードライバーの権益擁護団体からのサインが必要だったんですよ。それさえ日本の外交筋は知らなかった。高速道路を作って道路条約に入ってサインをする段になってサインはしたけど、ＡＣＮの権利は持ってなかった。調べてみると、日本のＡＣＮの権利は個人が持っていたんですね。メンツが保てないＪＡＦはそれを権力をもって取り上げたんですよ。

自動車と庶民の暮らし、そのふたつをもうすこし近づけるのもＪＡＦの役割だし、自動車を便益用具として、たとえば年代の違う人が乗ってもそれぞれの年代に応じて利益があるということでなければいけないと思うんです。そのためにＪＡＦはあるんですから。

路上のサービスだけを期待するのなら、どこかの損保会社の保険に入ればいい。もっといいサービスを提供してくれますよ。いまＪＡＦの会員は２０００万人もいて年間ひとり４０００円も払っている。そんなユーザーが受けられるサービスっていったら、月１回の会報といざというときの安心だけですよ。計算すると８００億円の収入になりますよね。路上サービスに使っているのはその半分程度ですよ。残りはどこに行っちゃうんだか。会員としては、ぜひ明らかにしてほしいところです。

要らないじゃないか　高速道路の設備電話

日本の携帯電話の普及台数はとっくに人口の数を超えたんですね。銀座のおねえちゃんなんかは4つくらい持っているらしいけれど、そういう人は特別としても、中学生以上のほとんどの国民が携帯を持っている。携帯電話はそんなに普及しているのに、自動車の中で電話をかけていると罰則があるっていうんでしょ。こんなバカげた国はほかにはないですよ。電話がかかってきたら「いま運転に集中しているので、のちほどこちらからかけますよ」といったことをクルマがコントロールしてメッセージを流す仕掛けなんかは、いまの技術なら簡単にできるでしょう。だけどそれもやらない。

その理由として、世界最大の自動車メーカーになりそうな会社の技術者が言ったのは「接点がみなそれぞれ違うので、ウチに関係のある電話会社のだったら簡単にできるのですが、ほかの会社のはやりにくいんですよね」ということ。

これも妙な話で、電話がクルマの中でやりとりができれば無駄なトリップをしなくても済むかもしれないのに、あるいは無駄に急がなくても済むかもわからないのに、いつまでたってもできないでいる。何とかしたいよね。

それから高速道路に至っては、高速道路と名が付いたら最後、1㎞おきに非常電話を設置しなければいけないことが道路規格で決まっています。あの緊急電話というのは外にはかけられず、すべて中央管理事務所にかかるというシロモノ。たとえば、クルマが故障したので電話をかけたらどうなるかというと、「じゃあJAFを呼びますか?」という程度しか対処してくれないのですよ。

ほかに「事故を目撃しました」「ありがとうございます。そこはどっち側の道路で事故現場までどれくらいの距離がありますか?」というふざけた対応もある。それぞれ決まった場所に置いてあるんだから、この電話はどこの場所からかけたのかくらい、わかって当たり前でしょ?

そんな役にも立たないものでも付けなければ高速道路じゃないということになっている。北海道に作った、熊ぐらいしか歩かないんじゃないかと問題になった道路にも、1㎞ごとにそういう電話は付いているんですよ。

海外ではどうかというと、ドイツなんかは5㎞ごとに置いてあります。間隔は長いようだけれども、ここからどちらに行くと早く電話にたどり着けるかが矢印で表示されているから慌てなくて済む。もちろん外部につながるから、ドクターヘリを呼ぶときなどは役に立つのでしょうねえ。

しかし日本の場合は道路の中に医療設備がありません。消火設備もない。その一方でＥＴＣというのは、カードと機器があればトールゲートを通過できて便利です。でもカードを入れ忘れたりしてゲートで止まっていたりすると、後ろからトラックがぶつかって死亡事故に至るなんていう悲惨な事故も起きたりしています。だけど前のクルマが止まってたりしたら、１００ｍくらい手前でアラームが鳴るなんてことはできるはずでしょ？　なのにその対策は採られない。文明があるのにその文明をきちんと機能させる文化を持ち合わせていないんですね。

私は自動車メーカーが新車を出すたびに言うんですよ。電話がかかってきたら、いまちょっと運転中だからあとでかけ直しますと自動応答するしかけはできないのかって。すると、できないことはないですけど、法律的なことがあってと言って逃げるんですよね。法律なんていったって憲法を変えるわけじゃないんだから、日本自動車工業会の力をもってすればどうとでもなるはずですけどね。

移動電話は文化だと思うんですよ。ラジオは聞いてもいいんだから電話を聞いちゃいけないというのはナンセンスだと思いますよ。

高速道路の1kmおきに設置してある非常電話……
SOS
ケータイがこれだけ普及してる時代に必要かね?
非常電話
SOS
これどう?
よけいいらんわ!
非常ぶしつけ棒
SOS

カー・オブ・ザ・イヤーはこうあるべきでしょう

カー・オブ・ザ・イヤーなんかはやめたほうがいいと思うのだけれど、でもどうしてもやりたいというのなら、何か基準を作ったらどうですかと言いたいですね。たとえば価格帯別に30万円きざみで5クラスくらい設けるとかすれば、不公平な感じはなくなりますね。

それと、フェラーリのような趣味的なクルマは別扱いにすべきで、そういうので検討の範囲に入れるのは間違いです。少なくとも年間に5万台以上作るクルマを対象にすればいいと思います。値段でなくてもいい、サイズでもいいですよ。このサイズだったらこれがいいよ、値段だったらこれがお得、といったランクづけをすればわかりやすいですよね。それと、雑誌単位でやるとか、手だてや目安を変えないと続かないと思いますね。

今回（2008―2009）はトヨタ・iQ対ニッサンGT-Rの争いだったそうですが、こんな両極端なものを比べること自体がおかしい。ユーザーの中にだって、この2台のどちらを買おうかなと悩む人はいないでしょう。GT-Rがどこそこのコーナーで一番速いと言いたいのなら〝コーナリング・オブ・ザ・イヤー〟という賞を作ればいいし、軽自動車で一番背が高いのを自慢したいのなら〝空間オブ・ザ・イヤー〟なんかを作ったほうが、よっぽどエンターテインメントだし、ユーザーにとってもわかりやすい。

選ぶほうにも問題がありますよ。投票日が近づくとメーカーはいろいろな手段で囲い込みを始めるんですが、旨いものを喰わせるとかしてね。もうひとつのカー・オブ・ザ・イヤーを主催するＲＪＣ（日本自動車研究者・ジャーナリスト会議）の会員は80人くらいいるんだそうですけど、食事の誘いが入ると70人くらい集まっちゃうんですからね。私はモノを喰わせる前に姿を消すようにしていますけどね。

こういうのに参加する人は、モノをあげる、何か喰わせるということに弱いんだよねえ。もちろんジャーナリストっていう肩書きでいるんですけど、どんな媒体にどんな記事を書いているのかを聞こうとしても誰も教えようとしない。個人情報の流失だからって。

カメラマンなら機材持っているからわかるけど、ジャーナリストだとわからない。本当にジャーナリストなの？という人ってたくさんいるんですよ。雑誌にたくさん記事書いていればいいっていうもんじゃない。問題はその質ですよ。私なんかうるさいこと書くから、ある雑誌に「ヤッカイなジジイ」と書かれてしまいましたよ。

ＲＪＣというのは日本カー・オブ・ザ・イヤーのやり方がおもねりすぎているというので、もっと冷静な目で、それともっといろいろな視点を持っている人が集まって独自にやろうじゃないかというのが発端だったんです。そんな状態だから一度やめてクリーンな状態にして、お祭り騒ぎも一度やめてみてはどうかという案もあるんです。

とにかく年末近くになると、あちこちのメーカーから1泊付きで試乗会のお呼びがかかる。予算のないメーカーはそういう派手なことはできないですけどね。いつも賞を獲れないメーカーが、その年だけ大盤振る舞いしたら大賞を獲った。そういう現実を見るとやはりヘンだと思わざるをえない。だから私はあのカー・オブ・ザ・イヤーには反対しますよ。

で、もし今後もやるのならもっと小規模で、ヨーロッパのゴールデン・ステアリング賞というのをお手本にするといいですね。これの審査員は8人と少なく、しかも評価した人の名前は一切公表しないという立場をとっています。誰がやっているかわからないから、いま一番権威があるとされているんです。

カー・オブ・ザ・イヤーは審査員が接待づけになってるんだからー
「接待・オブ・ザ・イヤー」に改名したらどうだ!?
接待 OF THE YEAR
そういうミツモトさんは「ぶしつけ・オブ・ザ・イヤー」ですよね?
ああ!毎年な!!
iQ

日本の免許は免許じゃない

日本の運転免許証っていうのもよくわからないねえ。

免許というのは、医者の免許といっしょで生涯使えるから〝免許〟なんです。でも日本のは免許ではなくｐｅｒｍｉｔです。〝運転許可証〟です。だから3年ごとに書き換えをしなければいけません。視力は落ちていないか、手足は動くか、なんてことを粗末なシミュレーターなんかを使って調べるのに、コーキコーレイシャになると６１００円もかかります。

世界を見てもｐｅｒｍｉｔなんていうのはそうあるもんじゃないですよ。ほとんどが〝免許〟です。フランスのおばあちゃんが持っている免許証なんかには、若い頃の写真が貼り付けてあったりして。でもそれを見ても誰も不思議とは思わないんです。そういうのが免許なんです。

免許というものでほかにどういうものがあるかといえば、放送がありますね。医療もそうです。国家に対して免許を申請し、許可が降りると放送が開始できる。でも、たとえば放送が見せてはいけない映像を見せたとして免許が停止になりますか？

医者が医療ミスして人の命を奪っちゃった。これでも免許が召し上げられるようなことは、そう多くはありません。なのに運転の場合は違反を重ねると免許を取り上げられます。こんなのは免許じゃないですよ。

違反をしなくても継続使用しようとすると、3年ごとに提示をして簡単な試験を受けさせられて新しい許可証をありがたくいただく。こんな無駄でばかばかしい話ってないですよ。そのために警察官の古手が自動車学校に派遣されたり天下ったりするんだから、極東の不思議な先進国です。

自動車ジャーナリストは広い視野を持て

自転車やモーターサイクルを交通の便益機関として認めるならば、バイクや自転車が通る道があってもいい。自転車に専用区分を、というのはよく聞くもっともな話で、自転車乗りには同情もします。だけど、その一方で道路の右側を走ったり、好き勝手に走っているのは、あれはどう見ても交通違反ですよ。交通警察っていうのがきちんとあれば、自転車に乗っている人たちにも甘くしないでちゃんと取り締まれる。でもいまはお巡りさんが見てても全然注意しないっていうのは、刑事警察のサービス業務みたいにやっているからなんだと、私は思っている。

交通っていうのはいろいろな面で犯罪につながるんだから、きちんとした取り締まりだとか、交通流に対する考えとか信号の制御のしかただとか、もっと本気になって考えなきゃいけないんですよ。交通事故はずいぶん少なくなったというけど、それでも事故で死亡する人は年間６０００人くらいいるわけです。人が亡くなってしまう事故にはいろんな原因があったりするんだけれど、人身事故の中には歩行者にも責任の一端があると思いますよ。よく見かけるのは、歩行者用の信号が赤になっても急ごうとしない横断者。そういうのを警官が見たら「走れっ！」と言ったっていいと思うのよ。自転車の信号無視なんて茶飯事だよね。自分は交通弱者だから許されるとみんなが思い始めたら、交通の規則とか法律の存在自体が無意味になりますよ。だからきちんと取り締まる、あるいは取り締まらなくてもいい方法を交通警察は考えなければいけないと思うんですけどねえ。

私は国土交通省ができたときに、そういうのはすべてしっかりと取り締まれるものと思っていた。でも交通警察はできなかった。交通警察を作るのが難しいのなら、民間の力を利用してでもきちんと強権が発動できるようにすればよかったんですよ。たとえば信号が変わってからでも人が道路を渡ろうとした場合、注意をしてもそれをやめないというときには歩行者にもペナルティーを与えるぐらいのことがあっても、私はいいと思いますよ。それを実現するのにお金が必要なら、道路特定財源を真っ先に使えばいいことですからね。

その財源だって使わない部分を一般会計に繰り込んでしまうというのもバカげたことで、反対するのは道路族と呼ばれる議員だけ。これも利権が絡んでいるから反対しているだけで、あとの議員は意思表示さえもしない。そのあたりはＪＡＦがアドバイスするのが普通なんじゃないの？　日本はもやは多民族国家に近いんだし、きちんと取り締まるべきところは取り締まる、交通の流れを保全するにはこういうしかけが必要だと、専門家がきちんとやらなければいけない段階まで来ているんですよ。ところが信号を作る会社や道路に線を引く会社も、元上級警察官が社長や役員をやっているみたいに、天下り先はたくさん作ったけれど、それが効果を発揮しないというのはとても残念なことです。

道路の工事にしたって、何度舗装したって、新しい埋設物のためにまたほじくり返したり、いつまでたっても工事が終わらない。そのためにまたお金を使うというのは、国土交通省として恥ずかしいことと思わなければいけないんですよ。

そうした無駄な金は使いながらも駐車場は作らない、移動するなら公共交通機関を使いなさいなんて言ったって、新しくできる地下鉄なんか地下45mの深さまで潜らされたうえに、乗り換えなんか迷路のように複雑で、年寄りには不可能に近いですよ。私も足を悪くしてからというもの、そのつらさは切実にわかるね。

そういうことはみんな腹の中では思っているんだろうけど、なかなか表現しない。道路や交通のジャーナリストっていうのはなかなかいないと思うんだけど、自動車ジャーナリストなんかはゴマンといるでしょ。彼らはクルマを飛ばしてウンチクを垂れるのが仕事と思っているらしいけど、そんな些細な部分だけじゃなくて、こういう交通全般にわたる知識を身につけて、問題は指摘して、世の中を正していってほしいいね。そして国会議員の間には自動車問題研究会というのがあるんだけれど、そういうところを利用しながら国民全体に、日本の道路行政っておかしいんじゃないのと思わせてほしいね。

税金、警察……なんとかしようよニッポンの交通

クルマを買うと取得税というのを取られますね。自動車を買うとなぜ税金がかかるんでしょうね。昔は贅沢品だったかもしれないけれど、いまは誰が見ても必需品でしょう。取得税が依然としてあるのは、かつて贅沢品と見られていた頃の名残で、非常に腹立たしいですね。買ってからも毎年4月になると取られる自動車税やらなにやら、日本ではそのほかにも8つの税が加わって合計9つの税金をわれわれは払わせられているんですよ。その合計額は7兆円くらいになるんです。そんな国は先進国の中でも日本くらいのものです。

じゃあ税金が高いなら公共交通機関に乗ればいいじゃないかというかもしれませんが、それも日本は管制が取れていませんね。たとえば新幹線と飛行機は同じような値段でお客を奪い合っています。いくら自由競争とはいえ、このような無理な競合はさせないほうがいいですよ。

ドイツなんかは300㎞までならクルマ、500㎞くらいまでなら鉄道、それ以上は飛行機、というのが効率がいいと国がアドバイスしていますよ。それが常識に

なっているドイツ人に、日本じゃ５００㎞くらいの東京〜大阪間を新幹線と飛行機が競争して、飛行機なんかは４００人乗りのものが1日25往復しているんですよと言うと、なんて非効率的なんだと驚きますね。そりゃあ移動は自由ですけど、上手な使い方をしたいという人には、こういう方法がベストですよとちゃんと指示があったほうがありがたいですね。

日本では法に反したことへの対応もめちゃめちゃですね。自転車の交通法規無視もそうで、みな黙認してしまっている。こういうのもちゃんとしなければいけないんで、だから私は交通警察の必要性を叫ぶわけです。

クルマの使い方にも関係するんですが、参議院宿舎と国会なんて目と鼻の先なのに、あいつらクルマで行き来しているんですよ。それだけじゃなく、議員が宿舎から降りてくるまでずっと路上に駐車して待っているんですよ。ただ運転手がいるから違法にはならないわけ。これだって警察は黙認しているわけです。これも馴れ合いといっていいですよね。その割には法律が緻密にできていたり、肝心なところは欠落していたり、という現実はなんとかしたいですね。

エライ人には弱いけれどコワイ人に弱いのもいまの警察。どこで作ったのというくらいデカイクルマを違法駐車していても、持ち主があっち系の人だとわかると、警察は見て見ぬふりの野放し同然でしょう。

検問中
警視庁
検問中
POLICE
また意味のない取り締まりか!?
私は何もしてないぞ!
荷室にこんなものが!!
POLI
しかも2本も!!
署までご同行願いますよ!
ぶしつけ容疑で……
なんだそりゃ!!
ガシ
POLICE
POLI

こういうのも交通警察があれば解決できるんです。カネがかかるなら、そういうところにこそクルマから取っている税金を回すべきですよ。いまの交通課を全部独立させて警察機構にしても間に合うはずですからやるべきです。世界中に交通警察のない国なんて、先進国の中では日本くらいなものですよ。パトロールカーが3台しかないというケニアにだってあるんですから。

速度違反だって考え直さなきゃいけないでしょうよ。ヨーロッパなんて田舎道では制限速度90km/hじゃないですか。町に入ると絶対60km/h以上出してはいけないという看板があってみんな守っていますよね。その制限は長くても3~4kmで、それを過ぎればまた90km/hに戻れるからちゃんと守るのでしょう。それに比べて北海道なんかは全部50km/hですから、どこまでも続く一直線の道でそれを守れといっても無理ですよ。もっと現実的な速度制限を敷けるのも、交通警察あってこそじゃないでしょうか。

再び税金の話に戻りますが、私が不思議でしょうがないのは、7兆円という自動車関係の税収はすべてが道路に向けるべきお金として私たちは払ってきたわけですよね。それを、4兆円は道路のために使うけれど、残りの3兆円は一般会計に繰り入れるという案にみんなが賛成したっていうのがわからないですよね。つまり3兆円は何に使われるかわからなくなっちゃうわけで、目的をもって徴収したものはきちんと使い道を示してもらわないと困りますよ。

燃料の税金もおかしいですよね。ガソリンも軽油も、道路税だとか揮発油税だとかいろんな税金が加わってできている価格に、さらに5％の消費税がかかっているんですからね。そんな国はめったにないですよ。税金に税金をかけられちゃたまんない。二重取りと言われてもしかたないですよ。そういう不合理なことにわれわれ日本人は慣れすぎているんじゃないでしょうか。だからわれわれはきちんと法律を守ることから始めましょうよ。

第3章

クルマ文化とクルマ文明

~原点に立ち返ってこそ解決の糸口が見いだせる~

文明と文化は異なるもの

日本人はこのごろ日本語がへたになったんじゃないかと思いますね。とくに、文明と文化をいっしょくたに使っていると思うことがよくある。文明と文化っていうのは違うものだと、新村出《しんむらいずる》先生はちゃんと定義されています。先生が監修なさった広辞苑には、文明とは、「文教が進んで人知の明らかなこと」とあります。平たくいえば知能が進んで物を創造すること、およびその手法や技法を編み出すこと、ですね。一方、文化とは、「文徳で民を教化すること。世の中が開けて生活が便利になること。衣食住をはじめ技術、学問、芸術、道徳、宗教、政治など生活形式の様式と内容を含む」とあります。端的にいえば、文明というのは原子爆弾などを作ることができる技術の開発、もしくはそれを進化させる技術の方法。文化というのはそういうものをたとえ作れたとしても、使わないということを決定し、それを守り続けること、なんです。

これを聞くと、どうも新聞や書物でも、文明と文化をいっしょくたに考えているところがあるけれど、やっぱり間違いなんだなと思いますね。文化が先んじていて、文明があとから着いてくるほうがいいんじゃないかな。いまは逆で、文明が先んじていて文化が追いつかないというのが実情です。進んだ文明はもしかしたら文化を破壊するかもしれないけど、そういうものは除去するという能力を人間が持たなきゃいけないと思うんです。端的な例として、アメリカもロシアも中国も、どこもかしこも原爆を持っていて、それを凄みのタネにしたり外交の〝具〟にしたりしていますが、そういうのは文化として実に劣悪なものですよ。

自動車についても同じことがいえるのではないかと思います。いまは実験段階でも将来有望な自動車技術は山ほどあります。たとえば交通事故というのは、人間のせいだけじゃなくて機械が原因で起きているものもあるかもしれない。そういうものは文明のほうにフィードバックすればいい。クルマを追い抜こうとするから事故が起こるのであれば、追い抜かないようにすればいい、という発想でホンダが作ったのが『カルガモ走法（※1）』というもので、ある速度に対応してきちんとブレーキが効く距離を保ちながら前の車に着いていくというしかけです。残念ながら実用にはならなかったけれども、これは文明のほうが先んじていて、文化がそれを享受しなかった例ですね。またそれを基に、さらなる文化を創ろうという動きもなかった。なにもホンダに限りませんが、登場したときは話題を呼びながらも、いつしか消えていった技術というのはすべて文化が伴わなかったものですね。

※1　98年に近未来型交通システム「ＩＣＶＳ」の車両シティパルに採り入れた隊列走行をこう呼んだ。

ウンチクは文化にならない

ジャーナリストと評論家が区別されないというのも今日の傾向です。広義の意味では、評論家というのもジャーナリストのうちに入るんだろうけれども、これも新村出先生によれば、「評論をする職業の人を評論家という。転じて、自分では実行しないで人のことをあれこれ言う人。ジャーナリストとは新聞、出版、放送などの編集者および記者、寄稿家などの総称」です。このようにきちんと区別しなければいけないいんです。

その意味ではジャーナリストは自分の想像を混ぜてはいけないいんですよ。実証されていること、もしくはできることなどがちゃんと整理できていて、そしてきちんと物を伝えることができる人でなければいけません。たとえば、50という数字を伝えるのに25＋25でもいいし、49＋1でもいい、いろいろな方法があるのだけれども、それを誰にでもわかるように表現するのがジャーナリストなんですね。

私が新聞社にいたころ、冗談の上手な編集局次長によく言われたのは「3歳のオランウータンが読んでも、うーんなるほどと思わせるような記事を書け」ということ。それくらい正確でわかりやすいことを書けたり話せたりすることが、ジャーナリストの仕事なんだと教わりました。

それが今はジャーナリストなのか評論家なのかわからない人が多い。評論家というのならば、非常に広範な知識を持っていて、その中で自動車という便益用具について何かを言うというのならわかるけれども、日本の自動車評論家というのは、どちらかというとウンチク派でしょう。チンクエチェントはジアコーザが作ったとか、ミニはイシゴニスが設計したとか、そういうことが書物を読むと書いてある。そんなの誰が作ったって構わないんだけれども、その知識を使うのが文化でなければいけないのに、そっちのほうはどうでもよくて、ウンチクをとても長く語れる人がエライという風潮がある。そういう人がいいジャーナリストのように言われる風潮がこの世界にはあるんですね。

でもウンチクは文化にならないんですよ。文化というのはもっと今日的なことだし、今日のこと、未来のことも含めて文化なんですけれども、なかなか文化にならないのが現実で、私なんかは非常にイライラします。

政治でも、道路を作る予算は3兆円も余っているのに必要な道路はいつまでたってもできないでいる。だけど文明からすれば、ずいぶん建設困難な場所にでも道路を敷く技術は持っていいます。トンネルを掘る技術でも、日本の技術は世界的に見てもずいぶん進んでいて、早くかつ正確で頑丈なものが作れるんだそうですよ。

そういう文明を持ち合わせながら、日本でそれが活かされているかというとそうでもない。お金、つまり原資があるにもかかわらず、それがいつまでたっても実行されない、というのはやはり文化が文明に着いていけないんですね。それは自動車と、自動車にまつわる社会的背景とか個人生活の背景とか、底が浅いからなのでしょうか。とても残念に思います。

一方の水には
一時間
モーツァルトを
聴かせ……
一方の水には
同じ時間
自動車
評論家の
うんちくを
聴かせます……
アルファロメオが
うんたら……
かんたら
飲み
比べて
みると
……
ゴク
ゴク
うんちくに
当たった
くっ
!!
ピク
ピク

Ｆ１グランプリにいまや文化はない

クルマはいろいろな目的をもって作られています。たとえばＦ１は実用にはならないけれども、自動車競争をするためだけのフォーマットを作って、それに則って速さを競うというものですね。以前はエンジンがパワーあるから速いとか、シャシーがいいから速いとか理由が明確だったけれど、いまはどの部分が優れているのかよくわからない。かつては国威発揚にレースが用いられたこともあったけど、いま速いのは国の技術が優れているという証明にもなっていない。

じゃあコンストラクターがどんなチューニングをして、ある一定の排気量のエンジンにいかに高出力を与えるか、高出力を与えるとどんなよさがあってどんなネガティブがあるのか、そこまでは語られない。見ているほうもウンチク派が多いから、勝ったのはドライバーの腕がよいからか、機械のせいなのか、その機械を保守するメカニックの努力によるものなのか、その車全体をまとめた組織力によるものなのか、よくわからない。専門誌の記事を読んでもよくわからないですね。文化とはずいぶん離れてしまったなという感じがしますね。

でもそうことを多くの人が楽しんでいるのだったら、それも文化のひとつでいいんですが、いまは興行的な要素が強くて、文明はよくわかるのだが、文化として見るとどう受け入れたらいいのか、それがよくわからない。

サーキットだって、昔はクローズドサーキットを使ったレースはともかく、公道を使うレースはお金を払わなくても見られたものです。たとえばモンテカルロで行なわれるモナコＧＰなどは、お金持ちは平素の３倍から４倍ものお金を出して豪華なホテルのベランダから観るんだけれども、庶民はちょっとだけサーキットが見える隙間からみんなで観て楽しんだものですよ。

でもいまはそういう楽しみ方はできないですね。なにがなんでもお金を取るという発想。２００７年の日本ＧＰでは走るマシーンが見えないひどい席があったというんですからね。それで文化といえるでしょうかねえ。最近はレースもラリーも、文化というものから離れすぎているんじゃないでしょうか。

文明は自動車の犯罪化を防げないか

自動車っていうものが、生活の便益用具として役立っているだけならいいんですが、悲しいことに犯罪にもかなり加担しているところがあるのは事実であり残念なところです。いまはデータ管理が徹底されていて、残されたペンキのひとかけらで、どの色のものはどこで作られたどんなクルマとわかるほどなのに、そのクルマで悪事を働いた犯人が捕まったという例はそんなに多くない。いまだに轢き逃げした犯人が捕まらないということはよくあるじゃないですか。

こういうことになると、自動車は文化を破壊するひとつの道具になってしまっているのだけれども、いまの文明の力ではどうにもコントロールすることができません。それもあって、文化に頼るべきだとする考え方が多いですよね。文化が向上してくると文徳が行き届いて、きちんと約束事を守る、人に迷惑をかけない、人の命や財産を犯さないという面がもうすこし発達すればいいんですが、そうでなくて、どこか山の奥まで連れていって殺してしまうとか、クルマに認知装置が付いているのに人のクルマを盗んでいって悪事を働くとかの事例のほうが多いですよね。

そこで文明の助けを借りてクルマを、そういった犯罪に使うことができないようにするとか、私はいろいろ考えるんですが、メーカーやメディアの人の中にもそういうことをまじめに考えている人はいませんね。もうすこし頑張れば文明を文化に変える可能性があるのに、とても残念です。

もみじマークは誰のためにある?

文化面で腹立たしいのは、ある歳になると車に貼り付けなければならないマークがあるっていうこと。

免許取り立ての新米ドライバーには初心者マークを付けなさいというのがありますね。これは公道の上で運転技術がまだ充分でないから、まわりのドライバーは見守る、あるいは邪魔をしないであげましょう、だからその印として1年間マークを付けなさいということで、これはよく理解できます。

わからないのは年配者が付けなきゃいけない『もみじマーク』。これを付けると、どのようないいことがあるのかがわからない。つい先日の道交法改正試案でどうやら罰則は撤回されるようですが、それまでは75歳以上の高齢者はもみじマークを付けていないとそれだけで罰せられたんです。罰則は科料が4000円、行政罰が1点だったんですよ。

私は何人もの警察官に聞きましたよ。このマークを付ける利点は何ですか、と。ある警察官の答えは、もみじマークを付けたクルマの前に無理に割り込んだりすればとがめるというものでした。そこで、とがめるとはどういうことなの？　無理な割り込みとは誰が判定するの？　付けてる付けてないはいつでもわかるけれど、無理な割り込みをされたり、後ろから追い立てられるというのは一瞬でしょ？　そんなときに判定する人がいなければ公平とはいえない、仮に判定する人がいたとして、もみじマークを付けたドライバーにはどういう得があるんですか？　と聞くと、警察官はみんな下を向きながら、法律でそう決まっているんすから、守ってくださいよー、みたいなことを言うだけ。結局、もみじドライバーにとって、いいことは何もないみたいです。

何もいいことはないのに、なぜあんなものを付けなければいけないのか。たとえ〝努力義務〟になったとはいっても、こういうものは文化の中でも悪文化ですよ。あのマークを付けた老人は危なっかそうだから道を空けてあげようなんてことは期待できないわけですね。

普通の交差点なんかでも、いつの間にかスクランブル交差点と同じような人の動きになっちゃって、20～30％の人は横断歩道をちゃんと渡らずにそこから外れて斜めに渡るようになったり、いっぺんに2つの信号を通り抜けてやろうとする人さえ現われた。交通上はかなり危険な行為なのに、そういう人たちに対しては何の罰則もなくて、いや、道交法違反にもかかわらず、歩行者が罰せられた、というのも聞いたことがない。

自動車に乗っている老人だけが責め苦に遭うというのは、およそ文化とは遠いねぇ。あんなものは議員提案で出来上がったものなんですから、日本の政治も大したことはないね。愚にも付かないような、文化から遠いものについて人を選別するようなことを平気でできるこの国の文化も、大したことはない。

そこで私は日本に在来の公館を持っている公使館や大使館の広報に電話で聞いてみました。あなたの国では75歳を過ぎたドライバーは、車に乗るとき何かマークを付けないと罰せられますか?と聞くと、一番大笑いしたのがフランス大使館の広報氏で、彼が言うには、そんなことをやったら政府が倒されると笑ってました。こんなバカバカしい法律は早いうちに廃止しなければいけません。

こんなもんつけてられるか!!
ポイ
かわりにコレ貼ったほうが道ゆずってもらえるぜ!
ペタッ
ミツモトが乗っています
ぶつけ注意
ブーッ

クルマが駐められない非条理

いま国内で走っているクルマは8000万台といわれています（2008年10月現在）。では日本中に誰が行っても駐められる駐車場がどれくらいあるかというと、390万台しかないんですよ。山口県なんかは道路幅が広くて無料で駐められるスペースがあるそうです。そういうところも考慮に入れる必要があるんだけれども、東京なんかでは行き先に駐車場があることなどほとんど期待できない状況です。

自動車というものは、どこかで人が乗るあるいは荷物を積む、そして走ってどこかで人が降りる、あるいは荷物を降ろす、この2回だけはどうしても駐車は必要なわけです。

私は新聞記者の時代に建設省の人にこう聞いたことがあるんです。「道路を作るのは国の仕事と言っていますが、駐めるところはどうなんですか」と。そしたら何と答えたと思います？「それは民間が考えることでしょう」と言うんですよ。駐めるところまで責任は持たないというわけですね。こういう体質はいまでも変わっていませんね。

お役人はこういう体験はしたことないんでしょうね。たとえば病院のようなところ。緊急事態で駆けつけて駐車場はありますかと聞くとたいてい、ない。小さい病院ほどない。大きい病院は手続きが大変で、なんだかんだしているうちに10分や15分かかってしまう。そうなると大事な人の死に目にも会えないような不幸なことになる。これも文化とは遠いですね。

なにも都会だけの話じゃないですよ。郊外や観光地だってそう。この間も伊豆半島を走ってきたんだけれど、きれいなところはいっぱいある。でもクルマを止めて景色を楽しめるところなんてひとつもない。同乗者がきれいな花が咲いているねえと言ってもドライバーは脇見できないから、「あ、そう」と言って前を向いてひたすら走るしかない。コーヒー店や観光施設なんかも、駐車場はあっても少ないか、ずっと離れたところにしかありませんからね。

都会にも〝立体長屋〟みたいなのがたくさんできた。一棟で500世帯入るのなんかがザラにある。私の事務所の駐車場も1カ月で5万3000円かかる。でも500世帯分の駐車場なんかはない。民間の整備のいいとされるマンションなんかでも70%くらいがやっとです。とすると、残りの25~30%はクルマが駐められない。そんなのは文化的な生活とは呼べないですよ。

バイクなんかもっとかわいそう。駐めたくても駐めるところがないんですから。

P
4F
3F
2F
満
満
満
あ〜
P 駐車場案内
八重洲P 満
丸ノ内P 満
新大手町P 満
八重洲東P 満
も〜
コラー担当者出てこーいっ!!
国土交通省は駐車場の問題についてどう考えとるのか!!
空
…………
ボケ〜
ダメだこりゃ……

四輪の駐車場は空いてても二輪は受け入れてくれないんですね。だから、しかたなく路上や歩道に駐めておくと、これが駐車違反となる。二輪専用の駐車場なんてそうあるもんじゃないですからね。取り締まるなら駐めるところを整備してからにしろっていうの。政府は思いっきり高額な税を召し上げているのだから。

自転車には通行帯の問題もありますね。国交省の道路企画課の親玉が、それについてどうしたらいいか意見を聞きたいというんで、交通の手段として使うのはいいけれども、手段として使うには手段として使えるだけの設備が必要だ、と答えておきました。

もちろん自転車も安心して駐めておける場所を確保するべきです。国は、交通の手段として自転車を認めますが、自転車からも税金を取りますよ、その代わりどこへ行ってもきちんと置けるような設備を作りますよ、というのがあるべき姿でしょうね。

クルマに話を戻しましょう。クルマにはたくさん費用がかかりますが、計算してみると一番高いのが駐車料金、二番目が道路料金ですね。民主党が政権を取れば全部無料にするというのだけれども、タダより高いものはないの譬えどおり、あとどういうふうにして埋め合わせをするのか知らないが、どう考えても財源的に無理がある。しかし道路なんていうものは国の財産であり、国民の財産なんだから元来、金を取ってはいけないものなんですよ。なのに国際銀行から高い利子で金まで借りて、借り換えもせずに延々と支払っている国なんて、世界中見渡したってありませんよ。

ということは、どこかの立法権限のある者か、もしくは司法権限のある者がどこかで甘い汁を吸っているんじゃないですかねえ。そういうふうに疑いの目で見なければいけないのも、文化とは遠いよね。

自動車が文化の一翼を担うようになった。自動車に乗ることで文化活動がしやすくなってきた。それは事実です。にもかかわらず、乗っていった自動車をどうするかという、きちんとした考察がなされていないのは、はなはだ理解に苦しみますね。

ヨーロッパでは1台分のスペースに2台駐められるクルマは税金が安くなる、あるいは駐車料金がタダになるという特典があるんです。だからスマートは無理をしてでもあれだけのサイズにしたんですね。日本でも駐める場所が作れないと言うんだったら、せめてそういう制度を作って、せっかく軽自動車のようなコンパクトなクルマがあるんだし、iQだって出たんだから、省スペースに貢献するクルマの特典というのを作ってあげるというのも、ひとつの方法ではないでしょうか。

日本車に文化を感じますか？

日本に、自動車に対する文化っていうのは存在すると思いますか？　もしウンチクをお持ちだったら、どうぞ文化のほうへ振り向けてください。文明のほうはもう充分です。

文明は黙っていても競争相手がいればせめぎあって伸びていきます。でも日本のクルマを見ていると、どうも文明からも遠ざかっているようで、お金もうけのほうにすがりついているところが実に不思議ですねえ。

日本のクルマでも300万円するものはゴロゴロありますが、その中に乗り心地のいいクルマなんかありますか？　クルマは乗り心地がよくなければいけません。シートなどどれをとっても似たり寄ったりで、違う点といえば、見た目のディティールだけ。だいたい日本のクルマは道路事情に対してサイズが大きすぎます。ゴーンにも言いましたよ。小さいクルマがないのにどうやってマザーマーケットを充足させるのだと。そうしたら、新しい小型車を5台見せてやるというので楽しみにしていたら、何のことはない、同じプラットフォームに同じエンジンを載せたのばかり。これだったら1台のクルマのバリエーション違いでしょう。

ちょっと面倒なことだとやりたがらないというのは、悲しいことですよね。ヒットを出したとしても、なぜこれが売れたのか、その原因をちゃんと調べることをしないですね。特に軽自動車。背が高ければいいというものではないでしょう。ミニカトッポにしてもワゴンRにしても、どんなところがユーザーに歓迎されたのか、連中は正確にわかっていない。タイヤの選び方にしたって、なんでこのクルマに扁平率35%のタイヤが必要なんだと思わず腕組みしてしまうことはしばしばですよ。

メーカー自身が、文化になることを嫌っているんじゃないかと思うことさえありますね。ただ文明のパズルだけは上手になって、サスペンションなんかでも前輪駆動車の時代になってからというもの、試作の後輪駆動車でちょっと凝ったサスペンションを持つものを見せてもらって、これは前輪駆動とは違う乗り心地が期待できるなと楽しみにしていたことがあったんですが、コストがかかるからとの理由でお蔵入りになったことがある。これなんかも文化として寄与していませんよね。

第4章

これからのクルマ業界はこうあれ

～クルマの未来を広げる劇薬処方箋～

ビッグスリー窮乏を前に思ったこと

アメリカのビッグスリーが危機に瀕しています。きっとこの本が出る頃には方向性は出ているだろうけど、一番話題になっている今、世界はこう考えていたというのを残しておくのも、あとで役に立つかもしれませんね。

で、これからどうなるのかというと、まずクライスラーはダメでしょう。どこか大きなところといっしょにならないと、生きていく道すらないでしょうね。真偽のほどはわかりませんが、以前ゴーンが、ルノー・ニッサン・クライスラーという形で救済しましょうかと提言したときは、いやけっこう、レバノン人のあなたには無理でしょうと言ったというのだから、誇りだけはあるんですねえ。

GMは手元資金がなくなって、このまま破綻すると膨大な失業者が出ますよと半ば政府に脅しをかけている。政府が見過ごすわけはないだろうという目論見なんでしょうねえ。フォードはそこまでひどくなくても状況は似たようなもの。マツダの株は手放したし、いずれボルボの株だって売るでしょう。

こういう状況下で日本の自動車会社はなにかお手伝いしたのでしょうか。じつはどこかのメーカーが、クルマを供給しますからそちらのバッジに付け替えてお売りになったらどうですかと、トップクラスでないレベルで話を持ちかけたようですが、これもその必要はないと断わってきたそうですよ。でも、それはそれでよかったんじゃないですか。日本がお助けしますなんてことになれば、日本人は思い上がっているとか言われて、もう一度叩かれますよ。

ヒュンダイが助けるという話も出ています。急成長してますからね。中国の工場も稼働して波に乗ればトヨタと同じくらいの規模になるかもしれません。それにトヨタほどたくさんの車種を持っていないから、1台のクルマへの集中力も高くなるでしょう。それに対して、日本のメーカーはこれまで円安に頼って利益を伸ばしてきたから、こう円高になると慌てふためいてしまうわけです。

日本のクルマは作りがいいとされてきたんですから、そうした評判というか実績は大事にしなければいけないんですが、それができなくなったのはゴーンが来てからですよ。日本に来ていきなり日産の従業員2万人の首を切る。それまでの終身雇用に代わって成果主義を取り入れる。エライ人でも執行役員にして、成果が出なければ簡単にクビにできるようにした。こんな制度は、これまで日本の企業ではやってこなかったことですよ。日本人の心情に合う雇用の形態というのを、もう一度考え直すべき時期に来ているんではないでしょうか。

原点回帰　いいクルマを作るためには何が必要か？

そのいっぽうでユーザーって、けっこう賢いじゃないかと思うのは、格好はいいけれど実は便利でなかったり、４人しか乗れないような小型車は買わないってことです。

じゃあ便利に感じて長く使っているのはどういうクルマかというと、やはり軽自動車ですね。10年以上使っているなんてザラ。人口３０００人あたり1店舗という具合に軽自動車を扱う店はきめ細かく多い。願わくば、軽自動車も安全性を高めてもっといいものになればいいんですけどね。

小型車なんかも一度原点に立ち戻ったほうがいい。マツダなんかはこの頃は斜めの線とかうねり上がった面とか目につく。クルマとは人間が乗るもので、街に停めてみんなに見せる彫刻じゃないんだってこと。

最近はAピラーなんかどんどん傾いていきますが、体を座席の中に突っ込むのに、私みたいに胴の長い人間なんかはどうしても頭ぶつけながら首をひねりこまさなければならない。歳とってくると首をひねれないから頭ぶつかるの承知で乗っかるわけ。どうしてもそういう形のを作りたかったら、ドアを開けたらシートが下がってハンドルが上がるようにしてよ、体が入ったら全部定位置に戻るようにしてよ、過去にそういうメカあったんだからと言っても、コストが上がってしまうからと言って作ってくれないですねえ。

こういう格好にする理由はまず流行、もうひとつが空気抵抗の低減だって言うんです。クルマなんて前からだけじゃなくてあちこちから風吹いてくるんだし、追い風や斜め前からの風だってあるんだから、そういうのに対してはどうなの？ と聞いても、そういう風洞はありませんからのひと言で片付けられちゃった。こういう風への対応だって必要でしょ？

だから本当にまじめにやるとどういう自動車ができるのか、どのメーカーも1台ずつ持ったらどうですかと提案したいんですよ。たとえばホンダなら「ホンダ」というクルマを作って、この「ホンダ」にはホンダが狙っているお客の最も大きいボリュームに向けたクルマということがわかるような内容にするんです。そういうクルマがあれば、ユーザーはメーカーの考え方がわかるし、メーカーに対して親しみや共感を感じるじゃないですか。

それと自動車メーカーはこのクラスのユーザーはどういう暮らしをしていて、どういうものを提供すれば愛されるのかということを、もう一度検証する必要があると思います。

トヨタなんかはハイブリッドをずいぶん前から出していて今日の環境技術をリードしているのはさすがだけれども、クルマとして快適かというとなんともいえない。プリウスに乗っていると、環境への負荷はほかのクルマよりは大きくないという一種の満足感はあるけれども、あの乗り心地はいただけませんねぇ。環境性能だけでなく、トータルで快適性を高めていかないと、いいクルマは作れませんよ。

なんとリアウィンドウの曇りとりボタンを押しますと……
カチッ
ブオ〜〜
「志」という文字が浮かびあがります！
ブオー
うしろが見えにくいっ!!

スズキ・スプラッシュはひとつのお手本だ

日本車はどれも大きくなってしまったけど、その逆を行っているのが、スズキがヨーロッパ向けに作ったスプラッシュというクルマですね。

これはどのようにして出来たと思います？　私はこれを見たとき、こんな小さいサイズのプラットフォームなんかなかったんじゃないでしょうか、新しく作ったんですかとスズキのエンジニアに聞いたら、なんとあのクルマのプラットフォームはスイフトのそれの真ん中を切って幅を縮めて作ったそうですよ。50㎜重ね合わせた真ん中の部分は補強材になってうまく機能しているんですって。

なぜ小さくしたかというと、ヨーロッパの古い都市へ行くとスイフトでも幅が広すぎると言われるらしいんですよ。最近のヨーロッパ車も幅が広いですよね。ヨーロッパのユーザーにはそういうことを言われないんですかとプジョーの社長に聞くと、やはり同じなんだそうですよ。これから出すクルマはみんな今より小さくすると言っていました。なぜなら、向こうの中世都市なんかは日本の道よりもっと狭いんだそうです。いまのクルマは、これまでくぐれた門がくぐれないとかで不評らしいんです。スプラッシュもそんなヨーロッパの声に合わせてサイズ決めしたんだろうけど、日本だって道は負けないくらい狭いんだから合うと思いますよ。

このスプラッシュは乗っても感心しましたよ。ちゃんと4人乗れるものが124万円ぐらいで買えるんだから、安いですよ。これもヨーロッパの技術者といっしょに開発したらしいんだけれど、やはり注意を受けたのはサスペンションのストロークをたっぷり使いましょうということだったんですってよ。だからこのサイズのクルマにしては乗り心地もいいんですよ。

スプラッシュはヨーロッパで作っているんで日本に入ってくるときは〝輸入車〟なんです。当初は500台しか輸入しない方針だったんだけど、1000台を超えるバックオーダーができちゃったとかで嬉しい悲鳴らしいんですよ。買った人の男女比率はちょうど半々、40代より上の人が多いらしいんだけど、見る目がある人ってのはクルマがわかっているってことだね。

スズキがこういうクルマを作れるようになったのも、ヨーロッパに進出したからできたんだろうね。ボディの大きさもそうだし、足回りの設計もそうだけど、こうやって自動車先進国の人たちの言うことを素直に聞くといいクルマができるという証だね。これからもがんばってほしいものです。

環境対策車はどの方向に進むのか？

国を挙げてのCO_2削減運動が進むなかにあって、これからの交通形態を考えると、クルマに対する風当たりは相当強い。だけど、じゃあ電車のようなものを全国に張り巡らせるのがいいのかというと、やはり自動車のほうが効率的というケースは多いし、個人の文化生活にはより役に立っていると思います。

環境保全は、もちろん考えなければいけない問題です。電気自動車が切り札みたいに言われてますが、この電気だってどういうふうに起こすのかという問題もある。プラグイン方式というのは、もう目の前の技術ですが、都会の高層ビルなんかに住んでいる人はどうやって充電すればいいのか非常に不透明です。

私の事務所がある建物にも二百数十台が駐まれる地下駐車場があるけれども、コンセントは電気掃除機用のものくらいしかない。いま一番具体的になっているのは三菱のｉＭｉＥＶ（アイミーブ）で、ほかにモノになりそうなのがスバルですけど、この両車だけ見てもプラグの形から違っています。充電圧も違うしバッテリーも違う。いまにしてそうだからインフラをもっと固めてから取り組まないと、あとでどうにも収拾のつかないものになってしまいますよ。まさか三菱が作ったデカイ充電器を家庭に置くわけにもいかないから、自販機感覚で充電できるくらいの手軽さがないと、なかなか浸透していかないでしょうね。

電気自動車は静かでいいんだけれども、この〝音がしない〟というのが歩行者に気づかれにくいために、クルマの存在をどのように認識してもらうかの検証も必要でしょう。このあたりも文化と文明がうまくかみ合わないところですねえ。

内燃機関でいえば、直噴ガソリンもディーゼルもバイオ燃料も、どれも決め手となるものはないけれど、水素は怪しくなってきましたねえ。ＢＭＷなんかは一所懸命やっていて、日本にもデモンストレーションのために数台持ってきて盛んに報道陣にアピールしてましたね。

私が参加した日は寒くて雨も降っていた。車内に乗り込んでふと見るとサンルーフがティルトアップされているんですよ。なぜ開けているんだと聞いたら、水素ガスは臭いも色もないから室内に充満したらドカンと行く可能性があるからと、同乗したドイツ人の技術者が言うんですよ。私は恐る恐る尋ねました。クラッシュテストはしましたか、と。そしたら、そんなことしたら爆発するに決まってますよという答えが返ってきたのにはビックリしましたねえ。テストはしてなかったんですね。冗談じゃねえ、そんな危ないものに乗れるかいという感じですよ。水素ガスを乗り物に使った失敗例は歴史から学ぶべきです。かつての飛行船ヒンデンブルグ号やツェッペリン号が証明しているじゃないですか。

水素は危険なものと、とうの昔から気づいていたのがマツダで、吸着合金というのを作って対処はしたんだけれども、べらぼうに高いコストがネックになって水素ロータリーの開発は一時止まってしまったようです。マツダはそれからディーゼルに宗旨替えして軽油を使ったロータリーを開発しているみたいですね。

水素の開発が止まったのは、まず燃料の水素ガスをどうやって作り、使うのかというのも理由のひとつでした。ガスのまま使うのか圧縮して使うのか、それとももっと圧縮して液化して使うのか。どれにしてもいまの燃料タンクの4倍以上の容量がないとガソリン車と同じ距離を走れないんです。熱量が足りないからです。それに水素の弱点は、燃料を供給できる基地がないことですよね。いまのガソリンスタンドを軒並み改造するわけにもいかないでしょうし。

ＢＭＷはこう言ってました。ウチの水素エンジンが採用されるなら５００㎞ごとに供給基地を作りたい、と。ヨーロッパでもその予定だと言っていたけど、彼の地で出来たのは2カ所しかありません。だいたい水素エンジンは排出するのが水だけだからクリーンといわれてますが、圧縮するときは電力を使うわけで、トータルで考えればＣＯ²ゼロといえませんからね。それは天然ガスを燃料にする場合もそうですし、電気自動車だって同じことがいえますからね。

とにかく環境対策車で問題なのは、それぞれのメーカーで目指す技術が違うこと。ホンダはどうやら燃料電池で行くらしいけど、日産は電気が本命と考えている。その同じ電気でもメーカーによって規格が違う。こんなことでは、もし主流じゃないものを選択したユーザーは〝はずれ〟を掴んでしまうことになるわけです。インフラ整備のムダを省くためにも、早いところ統一した見解を持ってほしいですね。

上はBMW7シリーズをベースにした水素エンジン車。下はホンダが1999年から開発している燃料電池車FCX。動力の取り出し方は違っても燃料を水素とする点では変わらない。

当面はディーゼルに期待したい

ヨーロッパのセダンが走る耐久レースでは上位がほとんどディーゼルですね。燃費がいいし壊れないし、トルクがたっぷりあるから変速の回数が少なくて済む。だからドライバーの疲労が少ないというのが、強い秘密ですね。日本では最近エクストレイルにディーゼルが出たけど、エンジンは静かとはいえないものですが、あれがまた恐ろしく速いディーゼルで、150㎞／hまであっという間でしたよ。

昔は、重い、非力、やかましい、振動が多い、というのがディーゼルの通り相場だったんですが、この頃のよくできたディーゼルはほとんどそういう欠点を感じさせないですね。ベンツの3ℓのディーゼルターボなんかはよっぽど近くに行かないとディーゼル打音も聞こえないくらい静かです。乗っても低回転からスムーズだし。

昔は、ブロックを頑丈にしなくてはいけないとか、高い圧縮比にしなきゃいけないからガスケットが抜けやすいとかいろんなトラブルがあったけど、いまはアルミのブロックを使ったものもあって、応力のかかるところなんかはライナーを入れてもたせている。ディーゼルはもともと電気系統がシンプルなのがいいですね。昔からディーゼルはガソリンに対して3倍丈夫、故障は3分の1、だけど修理費は3倍といわれてましたが、そもそも故障しないんだからもっと普及していいエンジンだと思いますね。

いま船はディーゼルでなくガスタービンを使っているから燃料は重油でいい。つまり軽油は昔ほど使われなくなった。軽油はガソリンを作る過程で出てくるものだから、バランスよく使えればいいですね。ドイツなんかはあまり多く使うものだから、ガソリンより軽油のほうが高いそうですよ。日本でも昔はガソリンの半分くらいの値段でしたけど、いまはほとんど差がないですね。

以前、石原都知事にディーゼルは盛んに叩かれたけど、それに奮起した日本の製油メーカーは脱硫装置を導入して含有硫黄分をことごとく取り去った。ヨーロッパで作られる軽油と比べると、昔は比べものにならないくらい劣っていたんですが、いまや日本の軽油のほうが硫黄分が少なく、排気をきれいにできるんですよ。やればできるってことですね。

エンジン技術にしてもそう。メルセデスなんかにはDOHCのディーゼルがあって、あっちは進んでいますよといすゞのお偉方に言ったら、ディーゼルにDOHCは必要ないと言うんですよ。着火性のいいセタン価の高い軽油を使えば明らかな差が出るのにね。

結局、日本とドイツとではディーゼル技術の開きは何十年もあったんです。それは使う立場の違いにおおいに関係してまして、日本の運輸業界では会社がクルマの所有者で乗る人は雇われているわけでしょ。向こうではハンドルを握る人がオーナーなので、ユーザーの不満はメーカーに直接伝わるけど、日本では自分のクルマじゃないからどうでもいいわけですよ。この違いが製品の差となって現われたんでしょうねえ。

エンジンだけじゃなくて室内の広さもそう。向こうのトラックは早くから快適なベッドスペースが用意されていたんですね。乗用車でも日本のディーゼルの技術は上がってきて、ホンダのディーゼルはヨーロッパでなかなか評判がいいんですけど、これとてもホンダだけの技術だけでできたものではないんです。

ディーゼルにはガソリンにはない長所がいっぱいあるし、燃料の得率（※1）からいって適正な量のディーゼル車は日本もヨーロッパもアメリカもあるべきだと思うんです。それに準じたクルマの生産計画など求められてしかるべきですが、そんな緻密な考察など望んでも無理でしょうか。

※1　原油に占めるガソリン、軽油、灯油など製品の取れる率のこと。イールドともいう。

ゴォー
〜♪
ディーゼルも けっこう いいねぇ!!
ハイブリッドだ 燃料電池だと 言ってる時代に ディーゼルって ちょっと KYじゃ ありません?
PRIUS
ハハヤ!!
K《ケイ》U《ユー》だ!!
軽油 ハイオク
軽油でしょ

クルマに夢は抱けるか？

私たちがクルマに熱中した60年代というのは、ようやく庶民の手の届くところまで降りてきたクルマというものが、いよいよ若者の文化に入ってきた時期なんです。クルマがあったら生活は一変すると誰もがワクワクした。60年代はスピードの文化といいますが、クルマはまさにその象徴でしたね。お金持ちの子は親に新車を買ってもらって乗り回したりしてたかもしれないけど、そんなのはごく少数で、私なんかはボロボロのクルマを買ってきてどこまで直せるのか仲間で腕を競い合っていましたね。

自分が乗るクルマがいじれるというのは、別に工学系の人間でなくても楽しいものですよ。そう考えるといまの若者はかわいそうだね。だって、キャブやデスビの付いているクルマなんてないんだから、いじりようがないですよね。まあ、いきなりそうなったわけではなくて、70年代あたりから制御系にエレクトロニクスが少しずつ入ってきて、そのうちコンピューターが隅々まで管理するようになって、いまのようなクルマになっちゃった。

整備するにも専用のコンピューターが必要になって、訓練を受けた人間じゃないとそれを使うこともできない。だから最近は自動車の町工場なんて見かけなくなったでしょ。整備士だって昔はどんなクルマが来たってオッケーという頼れるおっちゃんはゴロゴロいたけど、いまはそんな人どこにもいない。こちらの会社のクルマは直せるけど、あちらのクルマは直せないというような専門整備士しかいないからね。これじゃあ自動車のメカに興味を持てといっても無理ですよ。

私たちが昔ラリーやレースを始めようとしたときなんかは、自分でちょっと工夫したことが、そのまま速さや頑丈さに現われたりしてましてね、だからみんな興味をもった。自分でもできるんじゃないかって。そんなふうに、自分でもスゴイことができそうだっていうワクワクした思いが、クルマというものに夢中にさせたのですよ。

着てるものの素材が耐火規定に合っていないから参加資格がないって言われて、興味が萎えてしまったのは私ですが、とにかくレースやラリーに出るには相当なカネがかかるっていうのが、大きな壁になりましたね。F1が人気出たのも、それまで縁のなかった世界が、日本人ドライバーや日本のマシーンがいいセン行ったりしたから身近になったんですよね。F1だってもちろん規格はありますが、いまほど制約がない時期でしたから面白かったんでしょうね。

じゃあ、これからの自動車に対してはどうでしょうか。燃料電池車が本命だというけれど燃料の水素はどこで買えるの？　だいたい今のガソリン車と同じくらい走ろうとすると4倍ものタンク容量が必要になるけど、それについてはどうするの？

それに燃料電池は重いし高いし、高いのは量産効果で安くなるのかといったら、必ずしもそうなりそうもないんですって。

本命と目されるクルマがそういう状態なんですから、それで夢を描こうとするのは無理ですよね。次世代のクルマはほかにも電気自動車やらいろいろあるけれど、問題がなさそうなモノなんていうのはひとつもありゃしない。となると、どれを買っても賭けみたいなもので、あー買わなきゃよかったみたいになってくるんじゃないでしょうか。後悔しないクルマ選びなんてこの先あるんだろうか？

最近は若者が夢を描ける車が減ってきたな〜
まだ若者が夢を描ける車があるぜ!!
ブロロロロロロ
夢描きすぎ!!
痛車《イタシャ》

三本和彦にとって理想のクルマとは？

理想のクルマ？　ウーン、日本車の中から現実的に選べばスバル・インプレッサのセダンですかね。輸入車だったらフォルクスワーゲン・ゴルフを選びたい。新しいＤＳＧトランスミッションと過給機を２個使った1・4ℓエンジンの組み合わせがとっても興味深い。私の経験では燃費はプリウスよりもよくて18・5㎞／ℓくらい走りますよ。プリウスなんかのハイブリッドは評価はしたいんだけれど、動力を２系統持つというのが自動車には贅沢だとも思うんですよ。でなければハイトルクのディーゼルエンジンを電気で補佐したハイブリッドだね。これが出ればもっと燃費はよくなると思う。

日本、ヨーロッパとくればアメリカからも何か選ばなくちゃいけないけど、メーカーがあんな状態じゃ乗りたいクルマもないね。買いはしないけどジープは注目してもいいんじゃないかな。ああいうクルマの使い方はアメリカ人はよく知っていると思う。前進する場合でも坂を下るのといっしょで、そのギアを選んでやるとアクセルを踏まなくても時速３マイルくらいでデコボコ道をゆっくりと上っていく様はなかなか感動モノですよ。

プリウスなどを買う人は、燃費を低減したいとか世の中の空気をすこしでも汚したくないという人で、もっと実利的にクルマを使いたいという人なんだから、ああいうメカニズムでも受け入れやすいんだろうけれど、私なんかは普通の自動車が少なくなっていることに寂しさを感じるんだよね。私が欲しい自動車とは、値段が安くてちゃんと使えて維持するのも安くて、乗るとほっとするようなクルマなんです。

ところが座ってみても運転してみても、これはいいなあと思うクルマはなかなかない。そういう観点からあえていえばメルセデスですね。あれは値段をべつにすれば乗用車のお手本だと思うね。高いからいいといえばそれまでだけど、もうちょっと安い値段で実現してくれればねえ。そういう意味ではクラウンは日本的な文化が感じられて、レクサスのようなケバケバしさがなくていいクルマですよ。値段も内容の割には安いと思いますよ。

日本的なよさという意味ではプログレは好きでしたね。あれは小さな高級車と謳っていただけあって、ドアを開けるとシートが後退してステアリングが持ち上がって非常にやさしいクルマでした。私は東京に3台しかないという4WDのプログレに乗っていたんだけど、私みたいな仕事してると情報が入りすぎるというのもよくない。トヨタのエライ人が、「三本さん、買ったばかりで申し訳ないけど、来年プログレはハイブリッドになっちゃうんですよ」と言われて急いで売っちゃった。そしたら方針が変わってそれは出なかった。出たらそれこそ、たぶん私にとっての理想のクルマになったでしょうに。

理想を言うと……
そうだな〜
プリウス
もっと安全で、乗ってほっとする、人にやさしい……
こういうのでしょ!?
ち、ちがーう!!
ウィ〜〜
ウィ〜〜

クルマは冷蔵庫のようであれ

どういうクルマを作ったらユーザーは喜ぶかということを私はよく考えるんだけど、最近は独特のデザインのクルマというのがないね。あってもモノマネだったりして。過去を振り返ればいいってもんじゃないけど、昔はワクワクするようなクルマがあったからね。シトロエンＤＳなんて最初見たときはドキッとした。日本車ではスバル３６０が独特の格好をしていましたね。足回りの設計はフロントにもトレーリングアームを使ってて、独特というよりちょっと変わっていたと言ったほうが正確だと思います。

クルマなんて生活様式の中に溶け込んで、そして憂いなく使える道具でありたい。クルマは冷蔵庫とは違うんだという人もいるけど、私なんかはクルマは冷蔵庫と同じでいいと思うんですよ。冷蔵庫って、誰だって全幅の信頼をおいて毎日使っているでしょ。クルマだってそれと同じ感覚で使われるべきじゃないかと思うんですよ。そうなって初めて日常便利用具といえますからね。マニアが好むようなクルマは別でいいと思いますが。

冷蔵庫だって進化してないわけじゃないですよ。最近のは冷凍庫が一番下にあったりして昔の常識とは逆転しています。それに省エネ性も圧倒的に進んでいるし。年間の電気代で見ると1万円単位で違ってくるんですからね。自動車も負けないように進化してほしいものです。いまのクルマが進化しているのは趣味嗜好の部分だけでしょ。そりゃあ安全性が高まったというのは評価するけれども、ある意味それはクルマとして当たり前のことだから。もっと根源的な部分で進化してほしいと思いますよ。とくに使う人にとって身近な操作面でね。

まず操作ボタン。なんであんなに数が多いのかね。ボタン操作というのは走りながらすることが多いのだから、わかりやすく配置されていなければならないのにバラバラ。いくらボタンの下に説明が書いてあるからって、走りながら読むんじゃ、危なっかしくてしょうがない。的確に配置するとか、触感でわかるようにするとか方法はいくらでもあるのに、いまの状況は人間工学とは無縁といっていいんじゃないでしょうか。

メーターもそう。見やすい位置というのは限られている。でも企業ポリシーとしてあれも見せたいこれも置きたいというのならば、何か工夫がほしいよね。いつだったか、私が腕時計のようにひとつの軸に3本くらい針を置いたらどうかと提案したことがある。あるメーカーが試作を作ってアメリカへ持っていったら技術賞を獲っちゃった。スピードメーターの中にタコメーターを入れたもので、目盛りは内側がエンジン回転で外側が速度を表わす2針式のもの。結局実車には搭載されなかったけど、別個に置くんじゃなくてひとつのものを複数が兼用するっていう考え方が認められてうれしかったですね。いまだったら音声などで必要なときに必要な表示だけ呼び出すなんてことも簡単にできるはずですけど、なぜどこもやらないのかなぁ。

あの変えようがないと思われていた冷蔵庫があれだけ変わったのに、自動車はこの何十年、まったく進化していないよね。パーキングブレーキだってそう。ペダルで踏むものもできてきたけど、思いっきり踏んだらワイヤーが伸びきらないか不安だし、主流は依然として腕で引っ張るタイプでしょう。あれなんか60年代に当時主流だったステッキ式はスポーティーカーに似合わないからという理由で採用された男っぽいものなんだよね。それがいまは女性ユーザーがメインのクルマでも平気で使っている。あの方式って、18~20kgの力で引っ張らないとちゃんと効かないんですから。女性にそんな力を強要するのはなんだか気がひけちゃうねえ。

新しいクルマが出ると、なにか新しいしかけとか、新鮮なものを期待して見に行くんだけど、最近はいつも裏切られるねえ。宗一郎さんは昔言ってましたよ。サムシングニューがないといけないって。ホンダならずともそうした志をもってクルマ作らないと、いつまでたったって若い人が夢中になるようなクルマは作れませんや。

自動車よ、民生の妻となれ――あとがきに代えて

自動車も、電気さえ来ていればちゃんと機能する冷蔵庫と同じようになれば、民生用具として文化の一翼を担うと言いました。信頼性も経済性も優れていれば、さらに有用な生活便益用具として認められます。

ところが、クルマに消費者が求めるのは、民生用具としての面だけではありません。流行性も趣味性、奢侈性《しゃしせい》も求められる。民生用品として能力に欠けていても、趣味的に、奢侈性が満足できれば、そうした殊類の自動車を求める人もいます。それがたとえ実用面で大きな欠落があっても問題にしないという、少なからぬ数の人たちです。

かつて、民生的にも趣味的な面にも衝撃的なクルマとして登場したものは、シトロエンDS19だったかも知れません。このモデルのエクステリアデザインとサスペンションの性能は、私たちの目を瞠らせるに充分でした。

しかし、DSの動力性能が不足しているとの声に応えて、次のSMではマセラティの高性能エンジンを積み込んで、クルマ全体のバランスを崩してしまいました。

素晴しいスタイルは継承されましたが、夢のような乗り心地も複雑な構造も故障発生の原因となり、民生用具の面で問題を撒いてしまいました。

現行のC6に乗ってみると、かつて不備だった点は改良され、素敵な乗り心地を再現しています。ようするに、趣味的なクルマの線から最新電気冷蔵庫の実用性に徹した結果といえるでしょう。

21世紀の国産車は、乗用とするカテゴリーだけでも200種以上も発売されていて、消費者の多様な要望に応えています。動力性能の高いものでは、500馬力に近いエンジンを積み込んでいるものもあり、その性能の限界を試したくても公道上で許される場所など、どこにもありません。そんなクルマが市街地を誇らしげに走っています。悪態をつく気はありませんが、せめてその動力性能が他を脅かすことなく安全に使われることを願っています。

さて、それでは、民生用具に徹したクルマづくりを生産者（社）側が本気で取り組んでいるかとなると、どうもその気はなさそうで、他社の製品と少し違うモノを出せばいい、という程度にとどまっているようにしか見えません。

もっと自動車が民生に近くなければ、20世紀の恋人を21世紀の妻とするまでには至らないでしょう。自動車よ民生の妻となれ、また、さして多くはあるまいが、趣味人たちの安全な遊び相手となれ、と祈ること切であります。

三本和彦（みつもと・かずひこ）

1931年東京生まれ。東京商工学校 機械工学科、国学院大学 政経学部経済学科、東京工芸大学（旧写真大学）写真技術科卒。東京新聞 編集局写真部記者、多摩美術大学 専任講師を経て、1969年からフリーのフォトジャーナリスト、モータージャーナリストとなる。歯に衣着せぬ痛快な批評で、書籍、雑誌、TV、ラジオと多方面で活躍、特に1977年から2005年まで、長年パーソナリティを務めた「新車情報」(テレビ神奈川)は、多くのファンから支持された。著書は、「クルマから見る日本社会」（岩波新書)、「いいクルマの条件」（NHK出版）ほか多数。現在、（有）三信工房代表、日本写真家協会会員、日本自動車研究者ジャーナリスト会議（RJC）名誉顧問。

大辛口《おおからくち》ジャーナリストの自動車業界救済処方箋《じどうしゃぎょうかいきゅうさいしょほうせん》
三本和彦《みつもとかずひこ》、ニッポンの自動車《じどうしゃ》を叱《しか》る

初版発行　2009年2月20日
2刷発行　2009年3月16日

著者　三本和彦《みつもとかずひこ》

発行者　黒須雪子
発行所　株式会社 二玄社
東京都千代田区神田神保町2-2　〒101-8419
営業部：東京都文京区本駒込6-2-1　〒113-0021
電話（03）5395-0511

装丁　小田有希（及川真咲デザイン事務所）

印刷　株式会社 シナノ
製本　株式会社 越後堂製本

ISBN978-4-544-40032-8

Printed in Japan